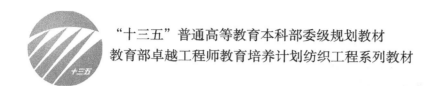

“十三五”普通高等教育本科部委级规划教材

教育部卓越工程师教育培养计划纺织工程系列教材

纺织传感网技术

刘基宏　编著

中国纺织出版社

内 容 提 要

本书从传感网数据采集和数据传输两个方面对纺织传感网技术进行了比较系统的介绍。传感网数据采集主要包括条形码编写与采集、RFID系统架构与数据采集、温湿度系统架构与数据采集，数据传输部分主要包括WiFi数据传输系统架构。书中根据工程教育认证对本科生解决复杂问题的综合能力的培养要求，精心选择了对应的四种典型纺织工程案例，并针对每一种案例的特点重点阐述其实现理论与实现方法。工程案例中对纺织品编码技术、细纱管锭对位系统、车间温湿度管理、单锭检测与管理系统进行了介绍。

本书是高等院校纺织专业本科生教材，也可作为相关领域的工程技术人员的参考书。

图书在版编目（CIP）数据

纺织传感网技术/刘基宏编著. —北京：中国纺织出版社，2017.5（2022.7重印）

"十三五"普通高等教育本科部委级规划教材　教育部卓越工程师教育培养计划纺织工程系列教材

ISBN 978-7-5180-3481-9

Ⅰ. ①纺… Ⅱ. ①刘… Ⅲ. ①无线电通信—传感器—应用—纺织工业—高等学校—教材 Ⅳ. ①TS1

中国版本图书馆CIP数据核字（2017）第075384号

策划编辑：朱利锋　孔会云　责任编辑：朱利锋　责任校对：楼旭红
责任设计：何　建　　　　责任印制：何　建

中国纺织出版社出版发行
地址：北京市朝阳区百子湾东里A407号楼　邮政编码：100124
销售电话：010—67004422　传真：010—87155801
http://www.c-textilep.com
中国纺织出版社天猫旗舰店
官方微博http://weibo.com/2119887771
北京虎彩文化传播有限公司印刷　各地新华书店经销
2017年5月第1版　2022年7月第2次印刷
开本：787×1092　1/16　印张：13.75
字数：260千字　定价：48.00元

前　言

　　《纺织传感网技术》是江南大学纺织服装学院多年来对纺织智能检测技术、纺织专用装备与专件开发、新型纺纱理论及工艺不断进行研究的成果，也是为适应"工程教育论证"要求，对纺织工程专业的培养模式和教学方法进行改革的成果。该书注重理论联系实际，突出解决复杂工种问题能力的训练。其主要特点如下：

　　首先结合实际工程应用，选择了条形码、RFID、温湿度系统、数据传输系统四个传感网的基本问题，强调基本概念、基本原理、基本分析方法的掌握。并对应这四个问题，从纺织工程的实际应用中提炼出纺织品编码技术、细纱管锭对位系统、车间温湿度管理、单锭检测与管理系统四个可操作性强的项目实例，将知识点融入实例中，便于激发学生的学习兴趣，力求理论和实践相结合，同时着重培养学生解决工程实际问题和综合应用的能力。最后以当今最流行、应用最普遍的机型为核心，紧密结合实际工程应用，采用最合适的VB或C语言编写相关软件，并提供相应的设计过程、源代码及调试过程和调试结果，增强了实用性、操作性和可读性。全书结构清晰、内容新颖、文字简练。

　　为了便于教学与自学，全书融合上述知识后分为五章，从第二章开始每章按照统一格式分三节介绍，分别介绍基础知识、应用系统的架构、系统开发过程中的硬件与软件设计的重点难点解析，从而有利于培养读者掌握基础知识、掌握在工程实践中的应用与制作能力。为了配合教学，在内容的编排上力求从知识点开始，完成工程实践后，再循序渐进、由浅入深、重点突出，使教材具有理论性、实践性、工程应用性和先进性。通过典型项目分析，使学生容易抓住知识点和重点内容，掌握基本原理和分析方法，达到举一反三的目的。教学过程中可采用教、学、做相结合的教学模式，既能使学生掌握好基础，又能启发学生思考，培养动手能力。

　　本书编写过程中得到潘如如、刘建立、周建、彭立等多位老师的大力协助与支持，在此表示感谢。

　　本书不仅可作为高校纺织工程专业的教材，也可以作为物联网、计算机及相关专业的教材，或作为毕业设计参考教材，同时对工程技术人员也具有参考价值。

　　作者在编写过程中参考了书后所列的文献资料，在此谨向其作者表示感谢。由于作者水平有限，书中难免有不妥之处，恳请读者批评指正。

刘基宏

2017年2月

课程设置指导

课程名称　纺织传感网技术

适用专业　纺织工程

总学时数　40

理论教学时数　32

实验（实践）教学时数　8

课程性质　本课程为纺织工程本科专业的专业核心课程，是必修课。

课程教学目的

1. 掌握传感网技术的基本知识，掌握识别、组网等关键技术。

2. 掌握传感网技术与纺织产业融合技术，以及在纺织产业中如何应用，理解纺织产业的信息化、网络化、智能化知识。

3. 掌握传感网实现的基本原理与方法，并运用到实践中去。

课程教学的基本要求　教学环节包括课堂教学、实验教学、作业和考试。通过各教学环节重点培养学生对理论知识理解和运用能力。

1. 课堂教学：在讲授基本概念、基本原理的基础上，举例说明理论在纺织生产实际中的应用，并及时补充最新的发展动态，最后讲解相应原理在应用与实施中的关键技术问题。

2. 实践教学：本课程中通过实验验证，提高同学们理论联系实际的能力，同时培养完成具体工程项目的能力，达到最终解决复杂问题的目的。

3. 课外作业：每章给出若干思考题，尽量系统反映该章的知识点，布置适量书面作业。

4. 考核：平时采用课堂练习与实验相结合的方式考核，最终以项目实践作为全面考核。考核形式根据情况采用汇报、软件演示等方式。

教学环节学时分配

章　数	讲　授　内　容	学时分配
第一章	绪论	2
第二章	条形码应用技术/实验一　条形码识别实验	6/2
第三章	RFID应用技术/实验二　射频识别实验	8/2
第四章	温湿度检测技术/实验三　温度检测实验	8/2
第五章	WiFi应用技术/实验三　网络通信实验	8/2
合　　计		32/8

注　各院校可根据自身的教学特点和教学计划对课程时数进行调整。

目　录

第一章 绪论

一、无线传感网的定义

网络技术是20世纪计算机科学的一项伟大成果，以互联网为代表，给人们的生活带来了重大的变化。然而互联网很难感知人们身边的现实世界，传感网络正是基于这样的背景下产生的一种能够感知现实世界的新型网络技术。

无线传感网（Wireless Sensor Networks：WSNs）是利用传感器、无线通信和微电机等技术，基于互联网、传统电信网、广播电视网等信息承载体，感知所有能被独立寻址的普通物理对象，实现互联互通的网络。

无线传感网一般由大规模随机分布的无线传感器节点、基站以及信息监控中心构成。传感器网络的基本要素是传感器，由传感器感知对象和观察者。传感器有红外感应器、激光扫描器、电子标签、温湿度传感器、全球定位系统等信息传感设备。每个传感器节点的功能可以相同也可以不同，每个传感器节点又由数据采集模块、数据处理和控制模块、通信模块和供电模块等组成。为了数据传输的方便，数据采集模块中一般包括传感器A/D转换器，数据处理和控制模块由微处理器、存储器等组成，通信模块包括无线收发器等，从而实现动态自组织的方式协同地感知和采集网络分布区域的对象的各种信息。

传感器与传感器之间、传感器与观察者之间通过有线或无线网络通信，节点间进行通信，每个节点都可以充当路由器的角色，并与互联网结合起来而形成另一个巨大的网络，让所有的对象都与网络连接在一起，方便识别。无线传感网节点数量大、维护困难，而且一般采用电池供电，工作环境通常比较恶劣，所以低功耗设计是无线传感器网的重要设计准则，因此，需要对传统的嵌入式应用开发更新和改进，达到可靠而耐用。

观察者是传感器网络的用户，是感知信息的接受者也是应用者。观察者可以主动地查询与分析传感器网络的感知信息，也可以被动地接收传感器网络发布的信息，用于支持决策、监控和管理。观察者对感知信息进行观察、分析、挖掘后，对网络感知对象采取相应的措施。感知对象是传感器网络的测量对象的参数，也是观察者感兴趣的监测目标，一般通过表征对象的物理现象、化学现象或其他现象的数字量来表征。

无线传感网是一种全新的信息获取和处理技术，是传感器、通信和计算机三项技术相结合的产物，因此无线传感网体系可分为四个层次。

（一）感知与识别层

感知识别是无线传感器网的核心技术，是联系物理世界和信息世界的纽带。感知识别层既包括条形码（一维条形码或二维条形码）、射频识别、无线智能传感器等信息自动生成设备，也包括各种智能电子产品用来人工生成信息，其中以传感器为主，实现对监测目标物的识别。无线传感器网络主要通过各种类型的传感器对物质性质、环境状态、行为模式等信息开展大规模、长期、实时地获取，观察者可以随时随地连入互联网，分享相关信息。

（二）网络传输层

把感知识别层获取的数据接入互联网，供上层服务使用。无线个域网络包括红外、蓝牙、ZigBee等通信协议，具有低功耗、低传输速度、短距离的特征，用作传感器末端的互联和设备控制。无线局域网包括现在广为流行的WiFi，为一定区域内的用户提供网络访问服务，提供便捷的互联网、广电网络、通信网络接入，实现传感网互联。

（三）管理与服务层

在高性能计算机及海量存储技术的支撑下，管理与服务层可高效、可靠地组织大规模数据，为上层行业应用提供支持。利用海量数据，并利用运筹学、数据挖掘、专家系统等对数据进行进一步的分析。

（四）网络应用层

网络利用现有的手机、PC等终端实现不同行业和部门的具体应用。无线传感网技术是典型的具有交叉学科性质的军民两用战略高技术，可以广泛用于国防军事、国家安全、环境科学、灾害预测、医疗卫生、制造业、城市信息等领域。传感网在民用方面，涉及城市公共安全、公共卫生、安全生产、智能交通、智能家居、环境监控等领域。

二、传感网的产生与发展

传感器网络的发展历程分为三个阶段：传感器、无线传感器、无线传感器网。1978年，美国国防部高级研究计划局资助卡内基梅隆大学进行分布式传感器的研究，主要研究具有无线通信能力的传感器节点的自组织构成网络，后来被看成是无线传感网的雏形。

第一阶段：最早可以追溯至越战时期使用的"热带树"传感器。美越战争期间，胡志明小道是胡志明部队向南方游击队输送物资的秘密通道，双方在密林覆盖的胡志明小道进行了血腥较量，美军对其的狂轰滥炸不见效果。后来，美军投放了2万多个由震动和声响传感器组成的系统，该系统称为"热带树"传感器。当对方车队经过，传感器探测出目标发出的震动及声响信息，并发送到指挥中心，美战机随后展开追杀，取得了成功。

第二阶段：20世纪的八九十年代之间。以美军研制的分布式传感器网络系统、远程战场传感器系统、海军协同交战能力系统等为代表，这种现代微型化的传感器已经具备了感知能力、计算能力和通信能力。

第三阶段：911事件之后。这个阶段的传感器网络技术特点表现在网络传输自组织能力、节点设计低功耗，除了应用于反恐活动以外，传感器网络技术在其他领域更是获得了很好的应用，从而形成大量微型、低成本、低功耗的传感器节点组成的多跳无线网络。现在传感器网络技术已经广泛应用于社会建设的各个层面以及人们的日常生活当中。

在现代意义上的无线传感网研究及其应用方面，我国与发达国家几乎同步启动，它已经成为我国信息领域位居世界前列的少数研究方向之一。在2006年我国发布的《国家中长期科学与技术发展规划纲要》中，信息技术确定了三个前沿方向，其中智能感知和自组网技术两项就与传感器网络直接相关。随着无线技术的快速发展和日趋成熟，无线通信也发展到一定的阶段，其发展的技术越来越成熟，方向也越来越多，越来越重要，大量的应用方案开始采用无线技术进行数据采集和通信。微电子机械加工技术的发展为传感器的微型化提供了可能，微处理技术的发展促进了传感器的智能化，通过MEMS技术和射频（RF）通信技术的融合促进了无线传感器及其网络的诞生。传统的传感器正逐步实现微型化、智能化、信息化、网络化，正经历着一个从传统传感器（Dumb Sensor）到智能传感器（Smart Sensor）再到嵌入式Web传感器（Embedded Web Sensor）的内涵不断丰富的发展过程。微机电系统和低功耗高集成数字设备的发展，使得低成本、低功耗、小体积的传感器节点得以实现。这样的节点配合各类型的传感器，可组成无线传感网。无线传感网络是一种开创了新的应用领域的新兴概念和技术。广泛应用于战场监视、大规模环境监测和大区域内的目标追踪等领域。传感技术、传感网已经被认定为最重要的研究之一。

与传感网密切相关的是物联网，其概念最早出现于比尔·盖茨1995年《未来之路》（The Road Ahead）一书。盖茨提及物物互联，但是当时受限于无线网络及传感设备的发展状况。1998年，美国麻省理工学院的Auto-ID中心提出EPC（Electronic Product Code）系统的概念。1999年，Auto-ID研究中心基于EPC、RFID（Radio Frequency Identification）、无线通信技术、互联网（Web of Internet）等技术基础，提出了物联网的概念。2005年11月17日，在突尼斯举行的信息社会世界峰会WSIS（World Summit on the Information Society）上，国际电信联盟在《ITU互联网报告2005：物联网》中正式提出了"物联网"的概念。2009年1月28，奥巴马就任美国总统后与美国工商业领袖举行了一次"圆桌会议"，IBM首席执行官彭明盛首次提出"智慧地球"这一概念。我国政府也高度重视物联网的研究和发展。2009年8月7日，时任国务院总理温家宝在无锡视察时发表重要讲话，提出"感知中国"的战略构想，表示中国要抓住机遇，大力发展物联网技术。2010年，坐落在无锡的江南大学正式成立了物联网工程学院，该学院是全国首家物联网实体学院。次年江南大学的纺织服装学院开设纺织传感网技术课程。

三、传感网对生产的影响

随着现代科技的飞速发展，知识经济时代的到来，人们的需求也日新月异，促使产品更新换代的周期越来越短，形成了多样化、个性化的市场。在这种全球激烈竞争的市场环境中，只有综合运用市场、研发、制造、组织等竞争优势，企业才能制胜。企业必须根据产品的需求，转换成产品的过程，并且达到快速反应且需满足客户多样化、个性化的需求，导致了公司生产的产品向多品种、小批量、多批次、超短周期方向发展。由于产品实现过程的复杂度和多变性，所以企业的需求、设计、制造、销售与服务的整个生产模式的变革，使之适用于高效率和高柔性的功能的要求。

历史上企业经历了三次生产模式的转变：单件小批量生产替代手工作坊式生产模

式，大规模定制生产替代单件小批量生产模式，多品种小批量柔性生产替代大规模定制生产模式。随着传感网与物联网技术的发展，企业逐步适应了快捷、多元化、个性化的需求，现代多品种少批量、富有柔性且具有相同低成本的先进生产模式就成为可能。在企业生产模式的转变过程中，出现了大量成组技术（GT）、独立制造岛（AMI）、精益生产（LP）、智能制造（IMS）、计算机集成制造系统（CIMS）、灵捷制造（AM）、虚拟制造（VM）、制造资源计划（MRP）、公司资源计划（ERP）等基于柔性生产模式的先进制造技术与管理方法。

第二章　条形码应用技术

第一节　条形码基础

一、自动识别技术

在人们的现实生活中，各种各样的活动或者事件都会产生这样或者那样的数据，这些数据包括人员、物质、财务，也包括采购、生产和销售。这些数据的采集与分析，对于人们的生产或者生活决策来讲是十分重要的。如果没有这些实际工况的数据支援，生产和决策缺乏现实信息基础，就将成为一句空话。在计算机信息处理系统中，数据的采集是信息系统的基础，这些数据通过数据系统的分析和过滤，最终成为影响人们决策的信息。

在信息系统早期，相当一部分数据的处理都是通过手工录入，这样，不仅数据量十分庞大，劳动强度大，而且数据误码率较高，也失去了实时的意义。为了解决这些问题，人们就研究和发展了各种各样的自动识别技术，将人们从繁冗的重复的但又十分不精确的手工劳动中解放出来，提高了系统信息的实时性和准确性，从而为生产的实时调整、财务的及时总结以及决策的正确制订提供正确的参考依据。

在当前比较流行的物流研究中，基础数据的自动识别与实时采集更是物流信息系统（LMIS，Logistics Management Information System）存在的基础，因为，物流过程比其他任何环节更接近于现实的"物"，物流产生的实时数据比其他任何工况都要密集，数据量都要大，更加需要自动识别技术（Auto Identification）。那么，究竟什么是自动识别技术呢？

自动识别技术就是应用一定的识别装置，通过被识别物品和识别装置之间的接近活动，自动地获取被识别物品的相关信息，并提供给后台的计算机处理系统来完成相关后续处理的一种技术。例如，商场的条形码扫描系统就是一种典型的自动识别技术。售货员通过扫描仪扫描商品的条形码，获取商品的名称、价格，输入数量，后台POS系统即可计算出该批商品的价格，从而完成顾客的结算。当然，顾客也可以采用银行卡支付的形式进行支付，银行卡支付过程本身也是自动识别技术的一种应用形式。

自动识别技术是以计算机技术和通信技术的发展为基础的综合性科学技术，它是信息数据自动识读、自动输入计算机的重要方法和手段，归根到底，自动识别技术是一种高度自动化的信息或者数据采集技术。

自动识别技术近几十年在全球范围内得到了迅猛发展，初步形成了一个包括条形码技术、磁条磁卡技术、IC卡技术、光学字符识别、射频技术、声音识别及视觉识别等集计算机、光、磁、物理、机电、通信技术为一体的高新技术学科。

一般来讲，在一个信息系统中，数据的采集（识别）完成了系统的原始数据的采集工作，解决了人工数据输入的速度慢、误码率高、劳动强度大、工作重复性高等问题，为计算机信息处理提供了快速、准确的数据采集输入的有效手段。因此，自动识别技术作为一种革命性的高新技术，正迅速为人们所接受。自动识别系统通过中间件或者接口（包括软件的和硬件的）将数据传输给后台处理计算机，由计算机对所采集到的数据进行处理或者加工，最终形成对人们有用的信息。在有的场合，中间件本身就具有数据处理的功能。中间件还可以支持单一系统不同协议产品之间协同工作。

完整的自动识别计算机管理系统包括自动识别系统（Auto Identification System，简称AIDS）、应用系统软件（Application Software）和应用程序接口（Application Interface，简称API）或者中间件（Middleware）。

也就是说，自动识别系统完成系统的采集和存储工作，应用系统软件对自动识别系统所采集的数据进行应用处理，而应用程序接口软件则提供自动识别系统和应用系统软件之间的通信接口包括数据格式，将自动识别系统采集的数据信息转换成应用软件系统可以识别和利用的信息并进行数据传递。

自动识别系统根据识别对象的特征可以分为两大类，分别是数据采集技术和特征提取技术。这两大类自动识别技术的基本功能都是完成物品的自动识别和数据的自动采集。

数据采集技术的基本特征是需要被识别物体具有特定的识别特征载体（如标签等，仅光学字符识别例外），而特征提取技术则根据被识别物体的本身的行为特征（包括静态的、动态的和属性的特征）来完成数据的自动采集。

二、条形码技术

（一）条形码的概念

1．一维条形码概念

一维条形码（barcode）技术是在计算机应用发展过程中，为消除数据录入的"瓶颈"问题而产生的，可以说是最"古老"的自动识别技术。通常在图书封底可以看到一种由13位数字组成的一维条形码，这是国家通用商品条的一种一维条形码。所谓一维条形码，是由一组规则排列、粗细变化的条、空以及对应的字符组成，且可利用光电扫描阅读设备识读，并实现数据输入计算机的特殊图像。目前市场上常见的是一维条形码，信息量约几十位数据和字符。当使用专门的一维条形码识别设备如手持式条形码扫描器扫描这些条形码时，条形码中包含的信息就转化为计算机可识别的数据。条形码可有各种颜色，不过常看到的是黑色。由于条形码的识读是通过条形码的条和空的颜色对比度来实现的（图2-1），一般情况下，只要能够满足对比度（PCS值）的要求的颜色即可使用。通常采用浅色作空的颜色，如白色、橙色、黄色等，采用深色作条的颜色，如黑色、暗绿色、深棕色等。最好的颜色搭配是黑条白空。根据条形码检测的实践经验，红色、金色、浅黄色不宜作条的颜色，透明、金色不能作空的颜色。现在常用的一维条形码有39码、128码、93码、EAN/JAN码、UPC码等。

代码: 6923083024227

条码:

6923083024227

图2-1　一维条形码

2. 二维条形码概念

二维条形码（2-dimensional bar code）是按一定规律在平面上分布的黑白相间的图形记录数据信息的符号，可以通过图像输入设备或光电扫描设备自动识读以实现信息自动处理。短阵式二维条形码，或称棋盘式二维条形码，是在一个矩形空间通过黑、白像素在矩阵中的不同分布进行编码，信息量可达几千字符。如图2-2所示就是二维条形码。

图2-2　常见的二维条形码

二维条形码具有条形码技术的一些共性：每种码制有其特定的字符集，每个字符占有一定的宽度，具有一定的校验功能等，同时还具有对不同行的信息自动识别功能及处理图形旋转变化等特点。从结构上讲，二维条形码分为两类，一类是由矩阵代码和点代码组成，其数据是以二维空间的形态编码的；另一类是包含重叠的或多行条形码符号，其数据以成串的数据行显示。

在代码编制上巧妙地利用构成计算机内部逻辑基础的"0""1"比特流的概念，使用若干个与二进制相对应的几何形体来表示文字数值信息。在矩阵相应元素位置上，用点（方点、圆点或其他形状）的出现表示二进制的"1"，点的不出现表示二进制的"0"，点的排列组合确定了矩阵式二维条形码所代表的意义。矩阵式二维条形码是建立在计算机图像处理技术、组合编码原理等基础上的一种新型图形符号自动识读处理码制。

（二）条形码发展史

1. 一维条形码发展史

一维条形码技术最早产生在20世纪20年代，在威斯汀·豪斯（Westing House）的实验室，科芒德·约翰（Kermode John）想对邮政单据实现自动分检，具体做法是在信封上做一维条形码标记，条形码中的信息是收信人的地址，就像今天的邮政编码。为此科芒德发明了最早的条形码标识，设计方案非常简单，即一个"条"表示数字"1"，二个"条"表示数字"2"，以此类推，这种方法称为模块比较法。然后，科芒德又发明了由基本的元件组成的条形码识读设备：一个扫描器（能够发射光并接收反射光）；一个测定反射信号条和空的元件，即边缘定位线圈；可以测定结果的元件，即译码器。科芒德的扫描器利用当时新发明的光电池来收集反射光。"空"反射回来的是强信号，"条"反射回来的是弱信号。与当今高速度的电子元器件应用不同的是，科芒德利用磁性线圈来测定"条"和"空"。就像一个小孩将电线与电池连接，再绕在一颗钉子上来夹纸，科芒德用一个带铁芯的线圈，在接收到"空"的信号的时候吸引一个开关，在接收到"条"的信号的时候，释放开关并接通电路。因此，最早的条形码阅读器噪声很大。开关由一系列的继电器控制，"开"和"关"由打印在信封上"条"的数量决定。通过这种方法，条形码符号直接对信件进行分检。

科芒德码所包含的信息量相当低，而且科芒德码只能对十个不同的地区进行编码，很难编出十个以上的不同代码。科芒德的合作者杨·道格拉斯（Young Douglas），在科芒德码的基础上作了些改进。杨码使用更少的条，但是利用条之间空的尺寸变化，就像今天的UPC条形码符号使用四个不同的条空尺寸。新的条形码符号可在同样大小的空间对一百个不同的地区进行编码。

直到1949年的专利文献中才第一次有了伍德·兰诺姆（Woodland Norm）和西尔沃·伯纳德（Silver Bernard）发明的全方位条形码符号的记载，在这之前的专利文献中始终没有条形码技术的记录，也没有投入实际应用的先例。伍德兰和西尔沃的想法是利用科芒德和杨的垂直的"条"和"空"，并使之弯曲成环状，非常像射箭的靶子。这样扫描器通过扫描图形的中心，能够对条形码符号解码，不管条形码符号方向的朝向。

随着发光二极管（LED）、微处理器和激光二极管的不断发展，迎来了新的标识符号及应用大爆炸，人们称为"条形码工业"。今天很少能找到没有直接接触过既快又准的条形码技术的公司或个人。

1970年，美国超级市场AdHoc委员会制订出通用商品代码UPC码，许多团体也提出了各种条形码符号方案。UPC码首先在杂货零售业中试用，这为以后条形码的统一和广泛采用奠定了基础。次年布莱西公司研制出布莱西码及相应的自动识别系统，用以库存验算。这是条形码技术第一次在仓库管理系统中的实际应用。1972年，马金·蒙那奇（Marking Monarch）等人研制出库德巴（Code bar）码，到此美国的条形码技术进入新的发展阶段。

1973年，美国统一编码协会（简称UCC）建立了UPC条形码系统，实现了该码制标准化。同年，食品杂货业把UPC码作为该行业的通用标准码制，为条形码技术在商业流通销售领域里的广泛应用起到了推动作用。1974年，Intermec公司的阿利尔·戴维（Allair Davide）博士研制出39码，很快被美国国防部所采纳，作为军用条形码码制。39码是第一个字母、数字式相结合的条形码，后来也广泛应用于工业领域和商业领域。

1977年，欧洲共同体在UPC-A码基础上制订出欧洲物品编码EAN-13和EAN-8码，签署了"欧洲物品编码"协议备忘录，并正式成立了欧洲物品编码协会（简称EAN）。1981年，由于EAN已经发展成为一个国际性组织，因此改名为国际物品编码协会，简称IAN。但由于历史原因和习惯，至今仍称为EAN（后改为EAN-international）。

日本从1974年开始着手建立POS系统，研究标准化、信息输入方式、印制技术等。在EAN基础上，日本于1978年制订出日本物品编码JAN。同年日本加入了国际物品编码协会，开始进行厂家登记注册，并全面转入条形码技术及其系列产品的开发工作，10年之后成为EAN最大的用户。

到了20世纪80年代初，为了提高条形码符号的信息密度，人们开展了多项研究。128码和93码就是其中的研究成果。128码于1981年被推荐使用，93码于1982年被使用。这两种码的优点是条形码符号密度比39码高出近30%。随着条形码技术的发展，条形码码制种类不断增加，因而标准化问题显得很突出。为此先后制订了军用标准1189；交插25码、39码和库德巴码ANSI标准MH10.8M等。同时一些行业也开始建立行业标准，以适应发展需要。此后，戴维阿利尔又研制出49码，这是一种非传统的条形码符号，它比以往的条形码符号具有更高的密度（即二维条形码的雏形）。接着威廉斯·特德（Williams Ted）推出16K码，这是一种适用于激光扫描的码制。到1990年年底为止，共有40多种条形码码制，相应的自动识别设备和印刷技术也得到了长足的发展。

20世纪80年代中期开始，我国一些高等院校、科研部门及一些出口企业，也开始研究条形码技术和应用。一些行业如图书出版、邮电、物资管理部门和外贸部门已开始使用条形码技术。1988年12月28日，"中国物品编码中心"成立，隶属于国家质量监督检验检疫总局。该中心的任务是研究、推广条形码技术；同时组织、开发、协调、管理我国的条形码工作。

2. 二维条形码发展史

由于一维条形码的信息容量很小，如商品上的条形码仅能容纳几位或者几十位阿拉伯数字或字母，商品的详细描述只能依赖数据库提供，离开了预先建立的数据库，一维条形码的使用就受到了限制。基于这个原因，人们迫切希望发明一种新的码制，除具备一维条形码的优点外，同时还有信息容量大、可靠性高、保密防伪性强等优点。于是一种新的条形码编码形式——二维条形码产生了。

二维条形码技术最早在美国诞生，在20世纪80年代末二维条形码的研究就已风靡了整个欧美；在21世纪初这种二维条形码技术在日韩移动通信市场有了进一步的推广和运用，掀起了一股亚洲二维条形码热潮。最近一二十年，各国研究人员又发明不少二维条形码，在移动领域应用最多的是日韩和台湾地区。美国Symbol公司经过几年的努力，于1991年正式推出名为PDF417的二维条形码，简称为PDF417条形码，即"便携式数据文件"。

在2004年底的一次国际运营商交流大会上，时任中国移动董事长王建宙看完NTT DoCoMo进行的一个手机条形码业务演示后，立即指示相关部门去日本进行考察。2005年4月，中国移动手机条形码项目在内部立项。2006年10月，中国移动就完成了手机条形码整体的测试和规范的最后验收工作。在中国移动二维条形码的业务规范中，对短信、名片、邮件、上网、IVR都做出了相关规定。2006年8月，作为中国最大运营商的中国移动高调宣布提供手机二维条形码服务，正式开启了中国大陆二维条形码手机应用的大门，一条新的产业链正在快速形成。

通用的二维条形码有Datamatrix二维条形码、Maxicode二维条形码、QR Code二维条形码、Code 49二维条形码、Code 16K二维条形码、Code One二维条形码等。除了这些常见的二维条形码之外，还有一些企业和机构发明的未完全公开的二维条形码。

（三）条形码的特点及应用

1. 特点

应用条形码有如下特点。

（1）可靠准确。键盘输入过程中容易产生字符输入错误，而条形码输入平均几乎没有错误。

（2）数据输入速度快。键盘输入的速度慢，经过培训的1min能打60个字的打字员平均每秒钟仅输入1个字符；而使用条形码，做同样的工作只需0.2s，速度提高了5倍。

（3）经济便宜。与其他自动化识别技术相比较，推广应用条形码技术，所需费用较低，员工几乎不用培训。

（4）灵活、实用。条形码符号作为一种识别手段，可以单独使用，也可以和有关设备组成识别系统实现自动化识别，还可和其他控制设备联系起来实现整个系统的自动化管理。同时，在没有自动识别设备时，也可实现手工键盘输入。

（5）自由度大。识别装置与条形码标签相对位置的自由度要比OCR大得多。条形码通常只在一维方向上表达信息，而同一条形码上所表示的信息完全相同并且连续，这样即使是标签有部分欠缺，仍可以从正常部分输入正确的信息。

（6）设备简单。条形码符号识别设备的结构简单，操作容易。

（7）易于制作。条形码标签易于制作，对印刷技术设备和材料无特殊要求。

2. 应用

条形码可以标出物品的生产国、制造厂家、商品名称、生产日期、图书分类号、邮件起止地点、类别等许多信息，因而在商品流通、图书管理、邮政管理、银行系统等许多领域都得到了广泛的应用。举例说明，UPC码，储存在UPC码标签里的信息有厂商代码、产品、项目代码及一些"格式"规则。而当结算台对UPC码扫描时，人们还可知道厂家名称及其产品、销售价格、成本或毛利；经营的商店、职员、日期和时间等信息。当然不同类型的条形码含有不同的内容，也有着不同的应用。现已有各种标准来规定特定的条形码应载有的信息。

（四）商品编码标准

我国的商品编码标准以GB 12904—2008《商品条形码》的代码结构为基础，零售商品条形码的主要类型为EAN-13商品条形码，如图2-3所示。

标识零售商品的标识代码还有EAN/UCC-8、UCC-12结构，但在国内比较少见，其代码结构与EAN/UCC-13代码相似，作用与EAN/UCC-13代码基本相同，具体可参考GB 12904—2008《商品条形

图2-3　EAN-13商品条形码

码》国家标准。EAN/UCC-13代码的结构如表2-1所示。

表2-1　EAN/UCC-13代码结构

代码结构	厂商识别代码	商品项目代码	校验码
结构1	$N_1N_2N_3N_4N_5N_6N_7$	$N_8N_9N_{10}N_{11}N_{12}$	N_{13}
结构2	$N_1N_2N_3N_4N_5N_6N_7N_8$	$N_9N_{10}N_{11}N_{12}$	N_{13}

1. 前缀码

厂商识别代码最前面的2~3位数字称为前缀码，由国际物品编码协会（英文简称GS1）分配给不同的国家和地区的编码组织。

2. 厂商识别代码

我国厂商识别代码由7~8位数字组成（到目前为止），位于EAN/UCC-13代码的最左侧，由中国物品编码中心负责分配和管理。在我国，当前缀码为690或691时，厂商识别代码为7位，如表2-1中的结构1；当前缀码为692或693时，厂商识别代码为8位，如表2-1中的结构2。全世界任何两家企业的厂商识别代码互不相同，因此厂商识别代码确保了商品条形码全球唯一。

一个企业一般只有一个厂商识别代码。但如果因产品项目太多导致编码容量不够用，可以向中国物品编码中心申请增加厂商识别代码。厂商识别代码及相应商品条形码的使用要遵守《商品条形码管理办法》的有关规定，不得转让、冒用、伪造，也不得擅自使用已注销的厂商识别代码和相应商品条形码。

3. 商品项目代码

商品项目代码由4~5位数字组成，由厂商负责编制。在使用同一厂商识别代码的前提下，厂商必须确保每个商品项目代码的唯一性。

在我国，商品项目代码目前有两种结构。当前缀码为690或691时，厂商识别代码为7位，商品项目代码为5位，可标识100000种商品；当前缀码为692或693时，厂商识别代码为8位，商品项目代码为4位，可标识10000种商品。

例如，某企业申请了厂商识别代码69290001。现在有一款新的产品要上市，需要分配4位商品项目代码，如0001，相应的校验码为2，则该款服装产品的完整商品标识代码为692-90001-0001-2。其后如有第二款产品上市时，应当分配另一个4位商品项目代码，如0002，由此便可以得到另一个完整的商品标识代码69290001-0002-9。企业如果将商品项目代码0000~9999这10000个号码全部用完，再生产新产品时，就需要申请一个新的厂商识别代码，如69290002。此时，虽然后面的商品项目代码，如0001，会和厂商识别代码为69290001时的商品项目代码重复，但由于厂商识别代码不同，整个13位商品标识代码也就不同，不会导致重码。

4. 校验码

校验码由1位数字组成，是根据前12位数值按GB 12904—2008《商品条形码》国家标准规定的公式计算而得，用来校验前12位数字的译码正确性。厂商在编制商品项目代码时，不必计算校验码，其数值由制作条形码原版胶片或直接打印条形码符号的软件自动生成。

厂商识别代码、商品项目代码和校验码只有合成一个整体，才能实现对一种商品的全球唯一标识，不能把它们分开来单独使用。

三、卡识别技术

（一）磁条（卡）技术

磁条技术应用了物理学和磁力学的基本原理。对自动识别设备制造商来说，磁条就是一层薄薄的由定向排列的铁性氧化粒子组成的材料（也称为涂料），用树脂黏合在一起并粘在诸如纸或者塑料这样的非磁性基片上。

磁条技术的优点是数据可读写，即具有现场改写数据的能力；数据存储量能满足大多数需求，便于使用，成本低廉，还具有一定的数据安全性；它能黏附于许多不同规格和形式的基材上。这些优点，使之在很多领域得到了广泛应用，如信用卡、银行储蓄卡、机票、自动售货卡、会员卡、现金卡（如电话磁卡）等。

磁条技术是接触识读，它与条形码有三点不同：一是其数据可做部分读写操作；二是给定面积编码容量比条形码大；三是对于物品逐一标识成本比条形码高。接触性识读最大的缺点就是灵活性太差。

磁卡的价格也很便宜，但是很容易磨损，磁条不能折叠、撕裂，数据量较小。

（二）IC卡识别技术

IC卡（Integrated Circuit Card），即集成电路卡，在日常生活中已随处可见。实际上是一种数据存储系统，如有必要还可附加计算能力。一个标准的IC卡应用系统通常包括：IC卡、IC卡接口设备（IC卡读写器）、PC，较大的系统还包括通信网络和主计算机等。

IC卡是1970年由法国人Roland Moreno发明的，他第一次将可编程设置的IC芯片放于卡片中，使卡片具有更多功能。通常说的IC卡多数是指接触式IC卡。

IC卡（接触式）和磁卡比较有以下特点。

（1）安全性高。

（2）IC卡的存储容量大，便于应用，方便保管。

（3）IC卡防磁，防一定强度的静电，抗干扰能力强，可靠性比磁卡高，使用寿命长，一般可重复读写10万次以上。

（4）IC卡的价格稍高些，由于它的触点暴露在外面，有可能因人为的原因或静电损坏。

在生活中，IC卡的应用也比较广泛，人们接触得比较多的有电话IC卡、购电（气）卡、手机SIM卡、牡丹交通卡（一种磁卡和IC卡的复合卡）以及大面积推广的智能水表、智能气表等。

按交换界面分类，接触式IC卡（图2-4）的多个金属触点为卡芯片与外界的信息传输媒介，成本低，实施相对简便；非接触式IC卡（图2-5）则不用触点，而是借助无线收发传送信息，因此在前者难以胜任的交通运输等诸多场合有较多应用。

图2-4　接触式IC卡

图2-5　非接触式IC卡

四、指纹识别技术

从实用角度看，指纹识别是优于其他生物识别技术的身份鉴别方法。因为指纹具有各不相同、终生基本不变的特点，且目前的指纹识别系统已达到操作方便、准确可靠、价格适中的阶段，正逐步应用于民用市场。

指纹识别的处理流程：通过特殊的光电转换设备和计算机图像处理技术，对活体指纹进行采集、分析和比对，可以迅速、准确地鉴别出个人身份。系统主要包括对指纹图像采集、指纹图像处理、特征提取、特征值的比对与匹配等过程。

五、射频识别技术

射频技术（RFID）的基本原理是电磁理论。射频系统的优点是不局限于视线，识别距离比光学系统远，射频识别卡可具有读写能力，可携带大量数据，难以伪造，智能性较高。射频识别和条形码一样是非接触式识别技术，由于无线电波能"扫描"数据，所以RFID标签可做成隐形的，有些RFID识别产品的识别距离可以达到数百米，RFID标签可做成可读写的。

射频标签最大的优点就在于非接触，因此完成识别工作时无须人工干预，适于实现自动化且不易损坏，可识别高速运动物体，并可同时识别多个射频标签，操作快捷方便。射频标签不怕油渍、灰尘污染等恶劣的环境，短距离的射频标签可以在这样的环境中替代条形码，如用在工厂的流水线上跟踪物体。长距离的产品多用于交通上，可达几十米，如自动收费或识别车辆身份。RFID识别的缺点是标签成本相对较高，而且一般不能随意扔掉，而多数条形码扫描寿命结束时可扔掉。

RFID标签适用物料跟踪、运载工具和货架识别等要求非接触数据采集和交换的场合。由于RFID标签具有可读写能力，对于需要频繁改变数据内容的场合尤为适用。

六、语音识别技术

语音识别研究如何采用数字信号处理技术自动提取及决定语言信号中最基本有意义的

信息，同时也包括利用音律特征等个人特征识别说话人。

声音识别的迅速发展以及高效可靠的应用软件的开发，使声音识别系统在很多方面得到了应用。这种系统可以用声音指令实现"不用手"的数据采集，其最大特点就是不用手和眼睛，这对那些采集数据同时还要完成手脚并用的工作场合，以及标签仅为识别手段，数据采集不实际或不合适的场合尤为适用。如汉字的语音输入系统就是典型的声音识别技术，但是误码率很高。GSM手机上的语音电话存储也是一个典型的语音识别的例子，但是我们都知道，电话号码的语音准确呼出距实用还有一段相当长的距离。

七、视觉识别技术

视觉识别系统可以看作是这样的系统：它能获取视觉图像，而且通过一个特征抽取和分析的过程，能自动识别限定的标志、字符、编码结构或可作为确切识断的基础呈现在图像内的其他特征。随着自动化的发展，视觉识别技术可与其他自动识别技术结合起来应用。

八、光学字符识别技术

光学字符识别（Optical Character Recognition，简称OCR），是模式识别PR（Pattern Recognition）的一种技术，目的是要使计算机知道它到底看到了什么，尤其是文字资料。OCR技术能使设备通过光学机制识别字符。

光学字符识别已有30多年历史，近几年又出现了图像字符识别ICR（Image Character Recognition，简称ICR）和智能字符识别ICR（Intelligent Character Recognition，简称ICR），实际上这三种自动识别技术的基本原理大致相同。

OCR三个重要的应用领域是：办公室自动化中的文本输入；邮件自动处理；与自动获取文本过程相关的其他领域，这些领域包括零售价格识读，订单数据输入，单证、支票和文件识读，微电路及小件产品上状态特征识读等。由于在识别手迹特征方面的进展，目前探索在手迹分析及鉴定签名方面的应用。

OCR优点是人眼可视读、可扫描，但输入速度和可靠性不如条形码，数据格式有限，通常要用接触式扫描器。

采自动化处理方法，使票据上加印的磁性墨水字输入电子阅读分类机，阅读票面上磁字的银行代号、金额以及日期等信息后，再予以分类并核计，这是全世界各大票据交换所采用的一种技术，也就是"磁性墨水字体辨认"（Magnetic Ink Character Recognition，简称MICR），统称磁码。MICR是银行界用于支票的专用技术，目前仅在特定的领域中应用，但成本较高，而接触识读，可靠性高。

最新的OCR政府应用莫过于国家税务局的增值税进项发票的验证识读扫描了。扫描系统通过扫描持票者持有的增值税发票抵扣联上的相关信息，包括发票号码、单位税号、金额、日期等七项指标，通过后台加密算法，计算出该张发票的正确的密押，与抵扣联上右上角载明的密押进行比对，由此判定该发票的真伪。这种算法的应用从根本上杜绝了假增值税发票存在的可能。

九、虹膜识别技术

虹膜识别是当前应用最方便精确的生物识别技术，虹膜的高度独特性和稳定性是其用于身份鉴别的基础。

虹膜识别技术有如下特点。

（1）生物活性。虹膜处在巩膜的保护下，生物活性强。

（2）非接触性。无需用户接触设备，对人身没有侵犯。

（3）唯一性。形态完全相同虹膜的可能性低于其他组织。

（4）稳定性。虹膜定型后终身不变，一般疾病不会对虹膜组织造成损伤。

（5）防伪性。不可能在对视觉无严重影响的情况下用外科手术改变虹膜特征。

第二节　纺织品编码与应用

一、原料条形码

（一）原料信息编码

当前，发达国家的超级市场均采用电子扫描技术，市场内的所有商品均带有条形码，其信息有商品名称、单价等。经扫描系统扫描后，这些信息便记入计算机数据系统，货物款项便显示于终端上。没有条形码的商品无法进入超级市场参与高档商品的竞争，只能作为低档商品低价出售。

通过条形码可以把检验数据连同检验证书等信息的处理与传递同企业或行业管理系统联接起来。在棉花的收购、加工、销售、使用等环节，都要进行严格检测，这种多层次、多级别的检测，检测结果需多次传递，与传统的人工登录、传递检测数据相比，避免了人工对表格或文件上的信息再次手工输入所花费的时间，更准确、更有力、更快速地将数据记录、储存下来并快速传递出去。同时，通过对识读器所读出的数据信息与实际表格或文件上的信息进行对比，避免了篡改数据文字的行为，也提高了工作效率及管理的水平和质量。

现今国际上大多产棉国尤其是美国都采用计算机自动编制条形码技术来处理棉花检测信息的登录、储存和传递。我国普及条形码技术工作开始于20世纪90年代初。为顺应国际物品信息处理的潮流，提高我国出口产品在国际市场上的信誉，我国有关部门要求，在出口商品中加标条形码。这对占我国商品出口总额近30%的纺织品出口提出了新的要求，我国的纺织品出口生产企业应予以高度重视，积极申请使用条形码。

条形码作为棉花质量信息的载体，对其要求是便于携带，信息大，差错率小，识读容易，便于推广，适合中国的国情。对于具体采用何种条形码码制，国家发展改革委员会在棉花质量检验体制改革中并未明确规定，而根据国务院批准的《棉花质量检验体制改革方案》及棉花行业特点，经有关部门认真研究，制订《棉花质量公证检验信息管理系统条形码编码规则》。该规则采用了棉花检验系统特有的编码方式，目的是加大国家对棉花质量信息的监管力度，规范棉花市场，规则适用于棉花加工、检验、仓储、流通、纺织等环节。

（二）一维条形码的应用

棉花质量信息载体的棉包加工完成后，其质量信息要保存在条形码标签上。条形码标签由汉字标注和条形码符号两部分组成，其中汉字符号在上，条形码符号在下，图2-6就是采用一维条形码的条形码标签范例。注意：为防止引起歧义，本书中部分品牌及厂名为虚拟的。

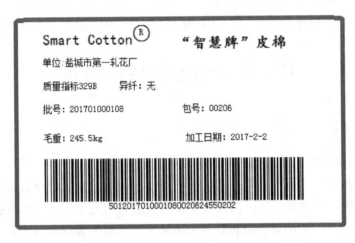

图2-6　一维条形码使用范例

1. 打印介质

打印介质是指标签打印机可以打印的材料，从材料分主要有纸张类、合成材料和布料类。合成材料与纸张类材料相比强度要大，更加美观，对环境的适用范围要广，对打印机碳带的要求高，主要用混合基和树脂基碳带。针对棉花包装易受潮、易发霉、储藏环境恶劣等不利因素，标签的材料采用合成材料聚铣乙烯胺等，要用相应的碳带，以保证打印出的标签经久耐用。

2. 条形码码制

（1）美国标准。加工企业编码（地区代码+加工企业编号）+生产日期+生产线号+垛号，即5位+6位+1位+1位=13位。

（2）我国标准。根据《棉花质量公证检验信息管理系统条形码编码规则》，规定棉包条形码共32位。棉包条形码编码规则如下：1、2位：系统自动生成位；3、4位：检测机构代码；5~7位：加工企业编号；8~13位：生产日期，8、9位：年；10、11位：月，12、13位：日；14位：加工类型，1锯齿细绒棉，2皮辊细绒棉（皮棉），3机采棉，4长绒棉；15~18位：四位数净重，如2271为227.1kg、0870为87.0kg；19、20位：二位数回潮率，85为

8.5%，超过10%均为00；21~23位：预留棉花品种，缺省值为000；24位：预留异性纤维，缺省值为0；25位：籽棉品级；26位：籽棉垛号；27位：生产线号；28~32位：年度流水包号。

（三）二维条形码的应用

为了促进二维条形码技术在纺织行业的研发应用，佛山市南方数据科学研究院、纺织工业科学技术发展中心、纺织工业标准化研究所等业内知名机构和企业，共同编写了纺织行业标准《纺织品二维条形码标签技术要求》（FZ/T 00112—2015）。该标准规定了各类纺织产品的二维条形码标签的字段信息要求、二维条形码的码制和标签形态，适用于各类纺织产品的二维条形码标签。

将棉花检测中产生的所有数据生成二维条形码登录储存在计算机里，并制成二维条形码标签，直接贴在棉包上，下一个检测部门或棉花销售、使用部门只需扫描二维条形码便知棉花质量的所有信息状况。二维条形码标签可由汉字标注和条形码符号两部分组成，图2-7是采用二维条形码标签的范例，其中汉字符号在左侧，二维条形码符号占右侧的一部分。

图2-7　二维条形码使用范例

相对于一维条形码而言，二维条形码不仅可以对字符编码，也可以对汉字字符编码，这更加适合中国的实际。而且二维条形码承载的信息量大，可以将棉花质量信息全部编码，这样，每个棉包上就相当于有一个随身携带的"质量检测报告"，只要有一个支持二维条形码的扫描器，就可以读出棉包全部的质量信息，而无须额外的数据库支持。

利用二维条形码技术实现信息的自动传递，其实现过程如图2-8所示，制作方在制作文件或表格时，利用计算机上装有的二维条形码生成软件，将表示文件信息的二维条形码连同表格文件同时打印在信息载体上，然后将二维条形码贴在有关被检的棉包上或贴在抽取棉样上。

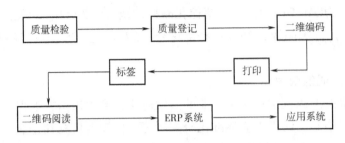

图2-8 棉检二维条形码信息自动传递系统示意图

使用方只需通过识读器对表示信息的二维条形码进行识读，将二维条形码内所含的信息自动转存在其数据库中，再将进一步的检测数据直接填入已设计好的二维软件程序中，并将数据长期储存在数据库中，以备随时使用。图2-9所示为带有条形码标识的棉包照片，图2-9（a）为带有一维条形码的棉包照片，图2-9（b）为带有二维条形码的棉包照片。

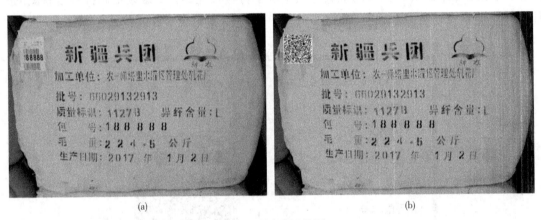

(a) (b)

图2-9 棉包编码范例

棉包质量信息二维条形码标签包含的内容包括基本内容和扩展内容两大部分。基本内容描述棉花产地、加工单位、质量标识、有无异性纤维、棉包批号、包号、棉包重量、加工日期、加工时间等项棉花信息内容。扩展内容部分指依据加工厂检验能力，在经过试轧、检验等工艺后，基本能够科学地确诊棉花其他棉质参数如棉纤维断裂强度、色泽等级、含杂率、毛头率等多项衡量棉花品质的其他检验指标，使在线或离线检测获得的棉花质量信息生成条形码，贴在棉包上。棉包走到哪里，其质量信息就随之携带到哪里。只要借助扫描器，中介或收购单位便可随时了解皮棉质量信息，非常方便。

二维条形码编码时，如果是只对棉花的重量、回潮率、产地、加工单位、质量标识、批号、包号、操作员、有无异性纤维等基本信息编码，则只进行基本信息的编码。如果还要对棉花纤维长度、不孕籽含棉率、断裂比强度、疵点粒数、成熟度系数、颜色特征等棉花质量辅助信息编码时，选中"辅助信息"，并输入棉花相应的质量信息后就可以对辅助信息编码了。二维条形码兼容一维条形码内容。在编码时，先由棉包的质量信息按一维条形码的编码规则生成位的数字，将此数字含在二维条形码的编码内容中。这样，在进行信息查询时也可通过二维条形码读出成位的数字编码信息。不同的编码内容之间以分号相隔，以回车换行符作为二维条形码的结束符。

二维条形码可以包含基本信息和辅助信息。二维条形码的编码内容仅含基本信息范例：产地为山东省德州市夏津县，加工单位为山东天鹅棉业机械有限公司，质量标识为异性纤维未发现，另外还有批号、流水包号、毛重回潮率及加工日期。包含辅助信息范例：产地为山东省德州市夏津县，加工单位为山东天鹅棉业机械有限公司，质量标识为异性纤维未发现，另外还有批号、流水包号、毛重、回潮率、加工日期、棉花纤维长度、不孕籽含棉率、断裂比强度、疵点粒数、毛头率、含杂率、成熟度系数、颜色特征为白色。

（四）条形码编码的问题与发展

采用一维条形码编码方式时，由于加工厂编码只有3位，最多能对一千家加工厂进行编码，而我国目前的棉花加工企业的数目要远远大于这个数字。据中国纺织网统计，以前棉花市场没有放开，我国各类棉花加工企业数量很少，而棉花市场放开后，在2006年全国共有轧花厂总数已远远超过千家这个数量级，大约有15000家。据美国农业部统计，美国在1990年前大概有1530家，而到2003年后大概有890家，现在已经少于1000家了。所以仅采用3位加工厂编码的方案对目前美国的企业已经足够分配了，而对我国而言，必将使一部分棉花加工企业无法获得唯一的加工厂编码，不利于棉花加工企业的识别与管理。因此，对于棉花信息的描述采用二维条形码显然更加合适，比采用一维条形码具有优越性。在棉花检验、流通过程中，只要采用二维条形码便携式扫描器，便可把信息全部显形读出来，有关棉花的各种信息便一目了然。

二、织物条形码

（一）标识形式、位置及执行

条形码的标识形式、位置也具有一定的标准，应根据某一行业的具体特点而制订。

1. 常见条形码标识形式

（1）直接印刷、喷绘在产品或包装上。

（2）粘贴在产品或包装上。

（3）悬挂或缝合在产品上。

（4）随同产品提供的资料上。

2. 条形码标识位置应遵循的规则

根据物品形状，遵守规则如下：

（1）首先选择物品的底面。

（2）其次选择物品的背面。

（3）再其次选择物品的侧面。

（4）采用悬挂标签。

纺织品条形码符号的标识位置采用悬挂标签法较为妥当。

3.条形码标识的执行

当需要执行织物数据输入与输出功能时，管理员扫描或者打印织物条形码，系统便可按要求工作，提高管理效率，降低管理员的劳动强度，消除人为错误。

（二）织物的编号方法

织物存在生产批量小、花色品种多的特点，为了便于管理、销售和进行技术交流，按其用途、原料、组织结构、加工工艺及外观形态等特点，都给予每一品种以恰当的分类，并根据分类状况编排一个代号，这就是织物的分类、编号。现行织物分类编号体系一般是根据组织结构、加工工艺、原料及用途等进行分类、命名和编号的，该方法已使用多年，管理人员已比较熟悉，建立一种新的体系还有一个适应过程，而且原有分类编号体系也有其优点，故在编码时需要考虑现有的分类编号法。

以丝绸（机织物）的分类、命名及编号为例，其标准为GB/T 22860—2009，但是该分类体系所表示的范围有限，因此不同单位存在多种编号体系。下面举例说明编号方法。

1.编码规则

（1）编码用5位数字表示。第1位数字表示该产品所属的大类，用数字1~3表示，其表示意义为：1表示精纺产品，2表示产品，3表示长毛绒产品。第2位数字表示构成该产品的原料，用数字4~6表示，其表示意义为：4表示全毛产品，5表示毛混纺产品，6表示纯化纤产品。第3位数字表示该产品在该大类中的品类，用数字1~9表示。第4、5位数字用0~9这10个数字中的每2个组合来表示各种品类不同规格的产品，如用00，01分别表示花呢中两个不同规格的织品。该编码规则符合GB/T 22860—2009的分类体系。

（2）编码用5位数字+2~3位字符表示。第1位数字代表原料；第2、3位数字代表大类名称；第4、5位数字代表规格序号。第1~2位字符代表地区代号，第3位字符代表生产企业。

（3）编码均用10位字符+货号表示。第1、2位代表大类，用汉语拼音字头表示；第3位代表特征，用键盘字符表示；第4、5位代表颜色，其中第4位为基色，第5位为辅色；第6~8位表示规格；第9、10位表示生产厂家。

（4）编码用11位字符表示。第1、2位代表大类，用汉语拼音字头表示；第3、4位代表特征，用键盘字符表示；第5~8位代表可选种类；第9~11位表示流水号及外挂属性如颜色、规格、花型、后整理、采购期限、参考价格、建议工厂。

（5）编码用25位字符表示。第1、2位用英文字母表示原料；第3、4位用数字表示组织结构；第5~7位代表该产品的生产地区及厂家编号；第8~13位代表生产日期，第8、9位：年，第10、11位：月，第12、13位：日；第14、15位代表加工工艺；第16、17位代表产品的形态特性；第18位代表生产线号；第19~22位代表年度、流水号、包号；第23位代表织物的用途，1服装用织物，2装饰用织物，3特种用织物；第24、25位代表其他需要说明的辅助信息。

2.编码范例

（1）大类编码。

①范例1。第1位数的规定含义见表2-2，第2~6位数的规定含义见表2-3。

表2-2　第1位数的含义

序数	原料属性
1	桑蚕丝类原料（包括桑蚕丝、双宫丝、桑蚕绢丝、桑蚕绌丝）纯织物；桑蚕丝占50%以上的桑柞交织物
2	合纤长丝织物；合纤长丝与合成短纤纱线（合成短纤维与黏胶、棉混纺纱线）交织物
3	天然蚕丝短纤维与其他短纤维混纺的纱线所织成的织物
4	柞蚕丝类原料（柞蚕丝、柞蚕绢丝、柞蚕绌丝）纯织物；柞蚕丝含量占50%以上的柞桑交织物
5	黏胶纤维长丝或铜氨纤维、醋酸纤维长丝织物；黏胶纤维长丝或铜氨纤维、醋酸纤维长丝与短纤维纱线的交织物
6	除1~5以外的两种或两种以上原料的机织物，其主要原料含量在95%以上（绢类可放宽至90%），其余原料仅起点缀作用，列入主要原料
7	被面

②范例2。DE牛仔，CT棉类，PN化纤，LR麻类，SU西装，WP毛呢，KN针织布，LP皮革，FU毛绒，FL填充物，LN内衬，PK袋布。

③范例3。大类编码以汉语拼音字头命名，如花边—HB，肩带—JD。如遇重码，则新的大类以材料其他主要特征表示，如花边用HB表示，汗布就不能再用HB表示，由于汗布是纬编布，可用WB表示。材料特征相同或相似者，可编入同一类，如网眼、滑面、色丁等可编入经编类。其他例如按扣—AK，背扣—BK，标识—BS，绸带—CD。

表2-3　第2~6位数的含义

第2、3位数		第4~6数	
序数	大类	序数	小类
00~09	绢	001~999	
10~19	纺	001~999	
20~29	绉	001~999	
30~39	绸	001~799	
40~44	缎	801~999	
45~47	锦	001~499	
50~54	绢	501~999	
55~59	绫	001~499	规格型号
60~64	罗	501~999	
65~69	纱	001~499	
70~74	葛	501~999	
75~79	绨	001~499	
80~84	绒	S01~S99	
85~89	呢	F01~F99	

④范例4。毛织物第3位数字表示的含义见表2-4。

（2）特征编码。

①范例1。DE01全棉牛仔，DE02全棉牛仔弹力，DE03涤棉牛仔，DE04涤棉牛仔弹力，DE05麻棉牛仔，DE06麻棉牛仔弹力，DE07彩色牛仔，DE08彩色牛仔弹力，DE09条子牛仔，DE10条子牛仔弹力，DE11印花牛仔，DE12印花牛仔弹力，DE90其他牛仔。

CT01纱卡，CT02纱卡弹力，CT03府绸，CT04府绸弹力，CT05帆布，CT06帆布弹力，CT07贡缎，CT08贡缎弹力，CT09灯芯绒，CT10灯芯绒弹力，CT11平绒，CT12平绒弹力，CT13方格布，CT14方格布弹力，CT15乱纹布，CT16乱纹布弹力，CT17纱绢，CT18巴里纱，CT19绉布，CT20泡泡纱，CT21竹节布，CT22平布，CT23棉锦绸，CT24锦棉绸，CT25全棉色织布，CT26 TC色织布，CT27 CVC色织布，CT28棉锦色织布，CT29锦棉色织布，CT30全棉印花布，CT31 TC印花布，CT32 CVC印花布，CT33棉锦印花布，CT34锦棉印花布，CT90其他棉布，CT91其他TC布，CT92其他CVC布，CT93其他锦棉绸，CT94其他棉锦绸。

表2-4 毛织物第3位数字的含义

数字	含义		数字	含义	
	粗纺产品	精纺产品		粗纺产品	精纺产品
1	麦尔登	哔叽、啥味呢	6	法兰绒	贡呢
2	大衣呢	华达呢	7	花呢	薄花呢
3	制服呢	中厚花呢	8	大众呢	其他
4	海力斯	凡立丁	9	其他类	
5	女式呢	女式呢			

PN01涤丝纺，PN02尼丝纺，PN03春亚纺，PN04牛津布，PN05桃皮绒，PN06麂皮绒，PN07美丽绸，PN08色丁，PN09塔丝隆，PN10雪纺，PN11化纤色织布，PN12化纤印花布，PN90其他化纤。

LR01纯亚麻，LR02亚麻棉交织，LR03亚麻棉混纺，LR04亚麻棉弹力，LR11黏亚麻，LR14黏亚麻弹力，LR21纯苎麻，LR22苎麻棉交织，LR23苎麻棉混纺，LR24苎麻棉弹力，LR31黏苎麻，LR45麻类色织，LR46麻类印花，LR90其他麻类。

SU01 T/R仿棉，SU02 T/R弹力，SU03 T/R仿毛，SU04全涤，SU05全涤弹力，SU06精纺毛，SU90其他西装面料。

WP01麦尔登，WP02维罗呢，WP03法兰绒，WP04顺毛呢，WP05花色呢，WP07人字呢，WP08格子呢，WP09双面绒，WP10针织毛呢，WP90其他毛呢。

KN01摇粒绒，KN02汗布，KN03毛圈布，KN04华夫格，KN05拉绒布，KN06棉毛布，KN07罗纹布，KN08网眼布，KN09经编布，KN10提花布，KN11天鹅绒，KN12色织针织，KN13印花针织，KN90其他针织布。

LP01真皮，LP02 PU复合布，LP03 PVC复合布，LP04复合布，LP90其他皮革。

FU01羊羔绒，FU02滚束绒，FU03平剪毛，FU04海派毛，FU90其他毛绒。

FL01 PP棉，FL02腈纶棉，FL03珍珠棉，FL04仿羽绒棉，FL05鸭绒，FL06鹅绒，FL90其他填充物。

LN01无纺衬，LN02有纺衬，LN03弹力衬，LN04牵条，LN90其他衬布。

PK01 TC全棉，PK02全棉，PK03化纤，PK90其他袋布。

②范例2。特征码是指同一大类中不同材料的特征，如HB1代表弹力花边，HB2代表刺绣花边等。

AK代表按扣：AK0普通按扣，AK1后背用扣，AK2调节球，AK3吊袜带扣，AK4小胶版，AK5小铁勾。

BK代表背扣：BK1尼龙背扣，BK2超细背扣，BK3按码计算的背扣

BS代表标识：BS1织标，BS2印标，BS3洗涤标，BS4防伪标。

CD代表绸带：CD1T/C绸带，CD2针织绸带，CD3起绒布绸带，CD4纱衬绸带，CD5镜面布绸带，CD6筒带。

CH代表厂号：CH1厂号。

CI代表文胸：CI0文胸。

CP代表磁片：CPA普通6*2，CPB普通5*1.5，CPC电泳，CPD塑磁。

FA代表非织造布：FA1非织造布。

GP代表文胸插片：GP0文胸插片。

GG代表鱼鳞线：GG0钢头鱼鳞线，GG1胶头鱼鳞线。

GT代表钢托：GT1 1/2钢托，GT2 3/4钢托，GT3 4/4钢托。

GZ代表几丁质：GZ1几丁质。

HB代表花边：HB1弹力经编花边，HB2无弹经编花边，HB3利巴花边，HB4刺绣花边。

HD代表花朵：HD1水溶花朵。

HM代表花面：HM1刺绣花面。

HZ代表花仔：HZ1花仔。

JD代表肩带：JD0透明胶版肩带JD1有牙肩带，JD2无牙肩带。

JH代表经编滑面：JH1经编滑面。

JS代表经编双拉布：JS1经编双拉。

JT代表经编提花：JT1经编提花。

JW代表经编网眼：JW1经编网眼。

JZ代表经编装饰布：JZ150针，JZ2镜面布。

KJ代表抗菌布：KJ1抗菌布。

LL代表拉链：LL1普通拉链，LL2隐形拉链，LL3钻石拉链。

RB代表起绒布：RB2起绒布。

SC代表纱衬：SC1纱衬，SC2网眼纱衬，SC3洗衣袋用网纱。

SJ代表松紧带：SJ1有牙松紧带，SJ2无牙松紧带，SJ3勾边带，SJ4网带，SJ5包边条，SJ6丝带。

SX代表纱线：SX1锦纶盖抗菌纱，SX2棉纱。

SZ代表梭织布：SZ1涤棉细纺布，SZ2弹力真丝，SZ3丝绸。

TJ代表调节扣：TJ00扣，TJ2前扣，TJ88扣，TJ99扣。

WA代表棉氨纶：WA1棉氨纶，WA2天丝氨纶，WA3莫代尔氨纶。

WB代表棉丝普纶针织布：WB1棉丝普纶针织布。

WD代表T/C针织布：WD1T/C针织布。WE纯棉针织布：WE纯棉针织布。

WP代表坯布：WP1棉氨坯布，WP2纯棉坯布，WP3涤棉坯布。

WR代表罗纹：WR1棉氨罗纹，WR2棉绒复合罗纹。

WS代表真丝丝普纶针织布：WS1真丝丝普纶针织布。

XA代表线：XA1涤棉线，XA2低弹线，XA3丝光线，XA4皮筋线，XA5尼龙线，XA6涤纶长丝线，XA7绳。

ZB代表罩杯：ZB1罩面布，ZB2胸杯，ZB3胸垫。

ZW代表杂物：ZW TM通用辅料。

ZZ代表珠子：ZZ0缝石，ZZ1金属片，ZZ2水晶链。

（3）颜色编码。颜色编码占2位，第1位颜色码表示基础色，如红、蓝等，第2位颜色码是辅色，表示颜色的深浅。

范例：01牙白，03坯布，10浅粉，11广东粉，12紫粉，20黄，30杏粉，31香槟，32肤色，33杏，40浅蓝，41深蓝，42新深蓝，43灰蓝，44水蓝，45青蓝，50红色，51新大红，52酒红，53紫红A1，54紫红，B2，60浅绿，70浅紫，71紫灰，80黑色，90杂色。

（4）规格编码。不同大类中规格含义不同，面料编码中，第一位代表"米"，花边编码中，第一位代表"厘米"。规格不足三位者，前面以0补充；超过三位者，取主要三位。无规格者以000表示。

化纤类：190T，210T，230T，240T，260T，290T，300T，330T。

其他类（盎司、克重）030Z—3oz，040Z—4oz，050Z—5oz，065Z—6.5oz，060M—60g/m²，360M—360g/m²，380M—380g/m²。

（5）地区编码。地区编码见表2-5，如北京B，广东G，山东L，重庆R，安徽W，贵州GZ，四川C。

表2-5 地区编码字母含义

地区	代号	地区	代号	地区	代号
北京	B	辽宁	D	四川	C
广东	G	新疆	I	浙江	H
山东	L	广西	N	福建	M
重庆	R	天津	T	上海	S

续表

地区	代号	地区	代号	地区	代号
安徽	W	河南	Y	湖南	X
贵州	GZ	湖北	E	海南	HN
江西	J	河北	U	云南	F
陕西	Q	吉林	V	江苏	K
山西	P	黑龙江	Z		

（三）码制及编码范例

上述织品编号体系中表示地区厂家的英文字母在EAN码中要由中国物品编码中心EAN委员会申请。而表示产品序号的几位数字实际上代表了同一类不同规格的产品，这在EAN码中被视为不同的商品，需要有一个唯一的商品代码。

国家标准规定，商品条形码采用EAN码结构，而EAN码的字符集只能是数字0~9，共5位数字构成，这样表示的织品商品码结构如图2-10所示，其中690表示中国，由EAN码委员会分配。如中国某纺织厂生产的粗纺全毛大衣呢。

图2-10　条形码编码范例

码制的选择考虑到现行织物分类编号体系在各毛纺织厂已使用多年，管理人员已比较熟悉，建立一种新的体系还有一个适应过程，而且原有分类编号体系也有其优点，故在编码时还沿用原来的分类编号法。由于原分类编号体系中只有5位数字，而新的分类编号体系既有数字，又有英文字母，其字符集比较大，而39码比较适合这一特点，故采用39码。图2-11所示是利用39码结合现在使用的分类编号法为几个毛织物编的条形码。

(a) 混纺华达呢

(b) 纯化纤薄花呢

图2-11　织物条形码范例

三、服装条形码

（一）服装商品编码

全球通用的商品条形码具有服装产品内部条形码无可比拟的优越性。在服装标签上单独采用商品条形码标识具体的服装产品，结合计算机数据库管理技术，能够满足服装企业生产、销售、仓储物流、财务等管理需要。采用商品条形码标识服装产品，使服装的标识代码简单、统一，可以克服企业内部产品编码存在的代码结构复杂、混乱、随意性大的不足，为电子购物、网上购物带来极大的方便，也便于企业内部对产品进行有效的标识。

为了使服装商品条形码在满足超市结算需要的同时，又能满足企业内部产品信息管理的需要，服装企业在编制商品标识代码时应当遵守唯一性的原则。价格相同的同品种服装产品，只要款式、规格、颜色等特征属性有一项不同，一般就要采用不同的商品标识代码。这种做法给具体的每一款服装产品都赋予一个全球唯一的编码，相当于具体的一款服装产品的"身份证号码"。

根据我国商品条形码的代码结构，服装商品项目代码的编码范围如下：服装商品项目代码是由4位或5位数字组成，凡是厂商识别代码是以690、691开头的，商品项目代码由五位数字组成，编码范围是00000～99999。凡是厂商识别代码是以692、693开头的，商品项目代码由四位数字组成，编码范围是0000～9999。

为了不浪费代码资源，企业编制服装商品标识代码时一般只能采取无含义编码，而且通常采用流水号编码，也就是"有一款新品编一个代码"。用上述13位商品标识代码标识一款服装产品，是为了给该款产品一个全球唯一的关键字，所有关于该产品各种属性信息的描述全部依靠计算机数据库系统进行管理。

由于服装产品的更新换代非常快，所以对于不再生产的产品，其商品标识代码可以在适当时候赋给新的产品，以节省代码资源。一般在一款服装产品停产两年半后可以把相应的商品标识代码重新赋给新的产品。总之，在不影响产品信息管理、不导致市场混乱的前提下，服装企业应及时启用停产产品的商品标识代码，以尽量节省代码资源。

采用商品条形码来标识服装产品，企业往往担心编码容量不够用。其实，这种担心是不必要的。只要采用无含义编码，现有的商品条形码系统成员至少有10000个号码可以使用（前缀码为692、693）。即使少数企业的产品众多，10000个代码容量确实不够用，中国物品编码中心还允许系统成员根据需要申请多个厂商识别代码，每增加一个厂商识别代码就意味着给企业增加了10000个代码容量。针对个别大型服装企业，中国物品编码中心还可以提供专门的编码容量解决方案。

（二）企业内部编码

服装产品销售过程中，有时还需要在标签上标识一些动态信息如生产日期、批号（或序列号）、订单号、生产场所、销售区域等，在包装箱上还可能需要标识内装数量等信息。这些信息属于服装产品的附加信息。以商品条形码为基础的ANCC系统所包含的应用标识符，完全能够准确、科学地标识这些信息，并采用ANCC系统专用的UCC/EAN-128条形码来表示。

服装企业常常在服装产品标签上印制内部条形码进行管理，其实这并不影响企业使用商品条形码。只要将企业内部产品编码进一步完善和规范，再加上全球通用的商品条形码，就能构建一套既满足市场销售需求又满足企业内部管理需要的服装产品编码与条形码标签。

下面是两种常见的商品条形码与企业内部条形码相结合的服装条形码标签表示方法。

（1）商品条形码与企业内部条形码分两部分共存，并且前者与后者有一对多的关系。这种方法主要适合于产品种类较多，原来已有内部条形码，现在又要满足超市、百货商场等领域自动结算与管理需求的企业。

例如，某服装企业各种不同规格、不同颜色的男式针织内衣售价相同，赋予相同的商品条形码6921000025104，但内部编码区分了规格、颜色，以便进行更加全面、确切的管理，如表2-6所示。

表2-6 商品标识代码与企业内部编码"一对多"的情况

男式纯棉针织内衣	商品代码	企业内部代码
款式1：灰色、L号		2202NS17020076A
款式2：蓝色、XL号	6921000025104	2202NS17020196A
款式3：红色、XL号		2202NS17020296A

商品标识代码与企业内部编码"一对多"的情况相应的条形码标签如图2-12所示。

图2-12 商品条形码与产品内部条形码"一对多"的情况

从某种意义上说，这种做法在商品条形码的唯一性方面有欠缺，它只能区分品种或价格。在应用过程中关键要把握好两点：一是可以按服装的品种、规格、价格进行分类，但也不必分得过细，如可以按照"种类+相同价格"分类，或按照"款式+价格"分类，关键是要体现出每件服装产品的价格，供商业单位作为销售结算的依据，具体分类由企业根据实际情况自己决定；二是将已分类的规格或价格与商品条形码一一对应，实现一个商品标识代码对应多个内部编码的编码体系，并将其对应关系在计算机中建立数据库，通过计算机实现生产、库存、销售等内部管理。这种情况下，企业可以依据商品条形码查询内部编码所包含的各种服装基本信息（或含义），也可以按内部编码查询每种产品的商品条形码，了解其库存量或销售情况。

这种方法实际上相当于将商品条形码的编码信息容量采用内部编码加以扩充，它可以帮助解决服装企业光用商品条形码时编码容量少的问题。企业平时可以采用内部编码进行订单、计划、生产、仓储、配送等一系列的计算机管理，当产品进入国内外市场时，服装吊牌、标签上同时携带的商品条形码就可以发挥巨大的优势。

（2）商品条形码与企业内部编码分两部分共存，并且前者与后者有一一对应的关系。这种方法主要适合于产品种类不多，但需要有多种产品属性信息，同时又要满足超市、百货商场等领域自动结算与管理需求的服装企业。

例如，某服装企业各种不同规格、不同颜色的男式针织纯棉内衣虽然售价相同，但为了管理方便，在编制商品条形码和内部编码时均赋予了不同代码，并且具有一一对应的关系，见表2-7。

表2-7　商品标识代码与企业内部编码一一对应的情况

男式纯棉针织内衣	商品代码	企业内部代码
款式1：灰色、L号	6921000025104	2202NS17020076A
款式2：蓝色、XL号	6921000025111	2202NS17020196A
款式3：红色、XL号	6921000025128	2202NS17020296A

商品标识代码与企业内部编码一一对应的情况，相应的条形码标签如图2-13所示。

图2-13　商品条形码与产品内部条形码一一对应的情况

采用这种条形码标签设计方法，一般情况下，通过扫描商品条形码部分，并结合数据库系统，就可以达到对产品的查询、统计等目的。这种标签设计方法的初衷，是希望企业内部员工能够通过有含义的产品内部条形码直接判断该产品的各种具体属性信息。但是事实上，为了实现这一目的，只需将内部编码印制在服装标签上即可，没有必要采用相应的条形码符号表示。当商品条形码损坏或工作人员当时没有条形码扫描器时，可以通过内部编码，采用人工补录的方式实现对产品的识别。下面这个服装企业带说明码的条形码就做到了这一点，如图2-14所示。

图2-14　带说明码的条形码

上述两种采用内部条形码的服装条形码标签表示方法中，第2种事实上与单独采用商品条形码没有本质区别。而对于第1种方法，则可以通过将商品条形码与ANCC系统应用标识符及UCC/EAN-128条形码结合起来进行表示，不必印制内部条形码。由此可见，只要商品条形码与整个ANCC全球统一标识系统有机结合，科学、规范地进行服装产品编码，就能满足服装企业生产、销售、仓储物流以及财务管理等需要。

（三）包装物流编码

除了用于标识零售服装产品之外，商品条形码还可用于标识服装产品的箱包装、物流单元及其附加信息。下面介绍服装箱包装、物流单元及产品附加信息的编码与符号表示。

（1）用于标识服装箱包装的编码与条形码符号。在商品条形码使用初期，人们采用EAN/UPC条形码（包括EAN-13、EAN-8、UPC-A及UPC-E条形码）标识零售商品单元（单件包装或组合包装），以满足超市POS机扫描结算等需要。后来，随着物流配送的发展和订货过程对非零售的成箱商品标识的需要，人们又发明了14位的EAN/UCC-14代码和相应的条形码符号，用于标识不通过POS机扫描的非零售商品。非零售商品俗称"箱包装"，其代码结构见表2-8。

表2-8　EAN/UCC-14代码结构

1位包装指示符	内部单元代码	1位校验码
1~9	共12位	C

注　包装指示符1，2，…，8用于定量包装，9用于变量包装。

例如，一家服装企业某款服装产品的零售单元假设为1件的商品标识代码为6929000100012。现在希望对其内装10件的一箱产品进行标识，如果该包装单元不会用于POS扫描结算，且包装材料为瓦楞纸箱，则通常用14位的EAN/UCC-14代码结构表示。这时应当在其原来零售单元的12位代码（去掉第13位校验码）前加上1，2，…，8中的任意一位数字，同时按相关标准规定的公式重新计算校验码。因此，相应的EAN/UCC-14代码可以为16929000100019。用UCC/EAN-128条形码来表示，见图2-15。

图2-15　标识箱包装的条形码符号

（2）用于表示附加信息的编码与条形码符号。人们把服装产品的生产日期、批号（或序列号）、销售区域、组合包装的内装数量等信息作为服装产品的动态信息。这些动态信息可以作为服装产品的附加信息，并采用相应的代码和条形码符号表示。国际物品编码协会设计了一系列应用标识符，用于表示产品的标识代码及附加信息。

　　例如，为了防止服装产品销售过程中发生不同区域之间的串货，服装企业希望标明一款产品的每一件的序列号和销售地。这些附加信息和服装的标识代码可以用UCC/EAN-128条形码来表示，如图2-16所示。

图2-16　服装商品标识的UCC/EAN-128条形码

　　图2-16中（01）、（21）、（420）三个应用标识符分别表示其后为商品标识代码、产品序列号及销售地邮政编码。这种表示方法可用于服装企业对单件产品的跟踪追溯。

　　有时，对一款服装产品，服装企业希望在采用商品条形码标识的同时，也把企业内部对该款产品的编码同时用条形码符号表示出来。这时同样可以采用UCC/EAN-128条形码表示，如图2-17所示。

图2-17　服装企业内部编码UCC/EAN-128条形码

　　图2-17中应用标识符（240）后的代码表示该款服装产品在企业内部的有含义编码。但是，这种表示方法不能将AI（01）标识符表示的内容和AI（240）标识符表示的内容拆开，因此不能用于零售结算。

　　（3）用于标识物流单元的编码与条形码符号。在服装企业的贸易往来中，除了要标识零售商品、箱包装外，还要标识托盘、集装箱等货运单元，即物流单元。任何两个物流单元，即使它们内装商品及其数量完全相同，一般也应当赋予不同的标识代码，以便对每一个物流单元进行跟踪。这时可以采用SSCC-18代码和相应的UCC/EAN-128条形码符号来表示物流单元（表2-9、图2-18）。

表2-9　物流单元标识代码SSCC-18及相应标识符的结构

AI	扩展位	内部单元代码（厂商、产品代码）	1位校验码
00	N1	$N_2N_3N_4N_5N_6N_7N_8N_9N_{10}N_{11}N_{12}N_{13}N_{14}N_{15}N_{16}N_{17}$	N_{18}
		$0N_3N_4N_5N_6N_7N_8N_9N_{10}N_{11}N_{12}N_{13}N_{14}N_{15}N_{16}N_{17}$	

(00) 069290001000000012

图2-18　标识物流单元的UCC/EAN-128条形码

图2-18中应用标识符（00）表示其后为物流单元标识代码，"69290001"代表该企业的厂商识别代码，厂商识别代码前的"0"为扩展位，其后的"00000001"表示该物流单元（托盘或集装箱）的流水号，最后一位"2"为校验字符。

在商品条形码基础上，国际物品编码协会建立了一整套全球统一的编码体系、数据载体以及相关商务标准，称为EAN/UCC系统。在我国，EAN/UCC系统又称为ANCC系统，其中包括零售商品、非零售商品（箱包装）、物流单元、位置、资产和服务关系等的代码与条形码符号表示。它可广泛应用于贸易项目、物流单元、位置、资产和服务关系以及各种特殊领域。它是电子数据交换（EDI）和企业ERP系统高效运行的重要技术基础，也是服装企业走向世界的好帮手。

（四）编码印刷方式

商品条形码的标准尺寸是37.29mm×26.26mm，放大倍率是0.8~2.0。当印刷面积允许时，应选择1.0倍率以上的条形码，以满足识读要求。放大倍数越小的条形码，印刷精度要求越高，当印刷精度不能满足要求时，易造成条形码识读困难。服装企业注册厂商识别代码并编制相应商品标识代码后，应当选择合适的方式印制符合标准、便于扫描操作的商品条形码印刷品。常用的商品条形码印制方式有以下两种。

1.利用工业印刷机印刷

有些服装同一款产品的产量较大（一般至少几千件以上），同一个条形码符号需要大量印制，此时适合采用工业印刷机印刷，可以与包装或吊牌、标签上的其他图案一起印刷；也可以批量印刷条形码符号后，粘贴在服装产品包装或吊牌、标签上。印刷的载体可以是纸盒、塑膜、卡纸、不干胶等，印刷方式可以是平版胶印、凹版印刷、柔性版印刷等。常见的服装商品条形码印刷品如图2-19所示。

图2-19　常见的服装商品条形码印刷品

这种条形码制作方式的优点是：平均单件产品的条形码制作成本十分低，几乎可以忽略不计；条形码符号不易脱落，美观大方。

其缺点是小批量产品不适用；制作周期较长。

2. 利用专用条形码打印机打印

利用专用条形码打印机打印条形码标签，是服装企业制作条形码符号的重要方法。有些服装产品的品种、款式等非常多，但同一款产品的产量不大，往往在几千件以下，采用工业印刷机印刷商品条形码的平均成本很高，而且制作周期较长。有时，服装企业需要在条形码标签上加上销售地、批号或序列号等动态信息，同一个条形码符号只制作几十份甚至只有一份。此时，应采用专业条形码打印机打印。

目前，条形码打印机技术上已经比较成熟，既可以只打印条形码符号，也可以连同其他文字、商标、图形等一起打印在各种材质的服装吊牌或标签上。根据打印速度、分辨率、打印宽度、打印材质等的不同，条形码打印机的价格从几千元到几万元不等。专业条形码打印机一般配置了相应的条形码符号打印软件。服装企业可以自己购置条形码打印机，打印量不大时也可以委托他人打印。

条形码打印机是一种专用设备，一般有热敏型和热转印型，使用专用的标签纸和碳带。条形码打印机打印速度快，可打印特殊材料（PVC等），可外接切刀等进行功能扩展，但价格昂贵，使用维护较复杂，适合于需大量制作标签的专业用户。常见的条形码打印机如图2-20所示。

常见的采用条形码打印机打印的服装条形码不干胶如图2-21所示。

图2-20 条形码打印机

图2-21 采用条形码打印机打印的服装条形码不干胶

这种条形码制作方式的优点是数量灵活，制作速度快，非常适合服装产品；可以连续号打印。

其缺点是大量打印时单个成本比印刷方式高，一张最简单的不干胶标签也需要几分钱；容易发生粘贴错误或脱落，也不够美观。

一张服装吊牌或标签上通常只有一个条形码符号，但有时为了能够在产品销售后留下条形码符号作为销售统计时自动扫描，也可以在一张吊牌或标签上同时打印两个完全相同的条形码符号，中间有裁剪线，便于营业员裁剪后留存，如图2-22所示。

无论采用哪种方式制作条形码符号，都应当注意控制条形码符号的质量。除了商品条形码基本尺寸要求外，服装企业还应注意以下几点。

①确保扫描结果与条形码符号供人识别字符相一致。

②条形码符号等级不小于1.5/06/660，其中1.5为等级，06为测量孔径0.15mm，660为以纳米为单位的测量光波长，其允许误差为±10nm。

③条形码符号高度适中。

④条形码符号位置恰当。

服装产品内部条形码的制作方式、质量要求与商品条形码的制作方式、质量要求基本相同。服装企业应根据不同类型条形码符号的特点，参考相关的国家标准，结合企业的具体操作要求和条形码识读设备的特点，选择合适的条形码符号尺寸与质量水平。

图2-22 一张服装吊牌上同时印制
两个完全相同的条形码符号

3.软件配合激光打印机方式打印

应用激光打印机配合专门的条形码标签设计打印软件方式可实现一机多用，且激光打印机精度高，图形表现能力强，可打印彩色标签。但其打印速度较慢，且可打印材料较少。

（五）条形码打印方式的选择

在需大量打印标签的地方，特别是工厂需在短时间内大量打印以及需要特殊标签（如PVC材料、防水材料）、需要即用即打（如售票处等）的地方，应选择条形码打印机。在标签打印量较少，且多为一次性打印的地方（如图书馆），应选择激光打印方式。

在一些小型商场、小型工厂等地方，三种方式都可选择。也就是说，如果需要经常大量打印标签，或对标签有特殊要求，且财力又允许，应选择条形码打印机；如标签打印量不很大，财力上又不想花费太多，应选择激光打印机。利用软件配合激光打印机方式，不仅能满足条形码标签打印的需求，还能用它来制作名片、胸卡及打印信函签等。

第三节　条形码的编写与读取

一、商品条形码

商品条形码的诞生极大地方便了商品流通，现代社会已离不开商品条形码。据统计，使用条形码扫描是今后市场流通的大趋势。为了使商品能够在全世界自由、广泛地流通，企业无论是设计制作，申请注册还是使用商品条形码，都必须遵循商品条形码管理的有关规定。

条形码在物流管理中，主要用在仓储管理环节。用于货位、物品的标识，其他办公管理应用。条形码的生成和采集，是物流管理信息化的龙头。而物流管理信息化是企业全面信息化的龙头。应用了条形码，对货品的管理才有可能进入信息化的范畴，从此，物流管理才可能跟上信息时代的发展步伐。

使用条形码可使仓储管理人员的劳动强度大幅度降低，仓储操作中的出错率大幅度降低，物流管理成本明显降低，物流企业（部门）的生产效率显著提升，企业的全面信息化因而得到有力、持久的推动。

条形码在物流管理的全过程都会发挥重要的、不可替代的作用，例如，入货时货品的核对，仓库管理中的一切操作，如摆货、拣货、盘库、出货、装车配送等，一切单据、报表、报告等。条形码成本最低，适于大量需求且数据不必更改的场合。例如，商品包装上就很适宜，但是较易磨损，且数据量很小。而且条形码只对一种或者一类商品有效，也就是说，同样的商品具有相同的条形码。

目前我国已有50万种产品使用了国际通用的商品条形码。我国加入世贸组织后，企业在国际舞台上必将赢得更多的活动空间。要与国际惯例接轨，适应国际经贸的需要，企业更不能怠慢商品条形码。商品条形码是用来标识商品的代码，赋码权由产品生产企业自己行使，生产企业按照规定条件自己决定在自己的何种商品上使用哪些阿拉伯数字为商品条形码。

二、条形码编码

（一）条形码符号的组成

一个完整的条形码的组成次序依次为静区（前）、起始符、数据符、（中间分割符，主要用于EAN码）、（校验符）、终止符、静区（后），有些条形码在数据字符与终止字符之间还有校验字符。如图2-23所示。

（1）静区（Clear Area），又称空白区，指条形码左右两端外侧与空的反射率相同的限定区域。分为左空白区和右空白区，左空白区是让扫描设备做好扫描准备，右空白区是保证扫描设备正确识别条形码的结束标记。空白区能使阅读器进入准备阅读的状态，当两个条形码相距距离较近时，静区则有助于对它们加以区分，静区的宽度通常应不小于6mm（或10倍模块宽度）。为了防止左右空白区（静区）在印刷排版时被无意中占用，可在空白区加印一个符号（左侧没有数字时加印"<"，右侧没有数字时加印">"），这个符号就叫静区标记。主要作用就是防止静区宽度不足。只要静区宽度能保证，有没有这个符号都不影响条形码的识别。

图2-23　条形码符号的组成

（2）起始（Start Character）/终止符（Stop Character），指第一位字符/最后一位字符，位于条形码开始和结束的若干条与空，具有特殊结构，标志条形码的开始和结束，同时提供了码制识别信息和阅读方向的信息。当扫描器读取到起始字符时，便开始正式读取代码了。终止符用于告知代码扫描完毕，同时还起到只是进行校验计算的作用。为了方便双向扫描，起止字符具有不对称结构。因此扫描器扫描时可以自动对条形码信息重新排列。

（3）数据符（Bar Code Data Character），位于条形码中间的条、空结构，它包含条形码所表达的特定信息。

（4）校验字符（Bar Code Check Character），在条形码码制中定义了校验字符。有些码制的校验字符是必须的，有些码制的校验字符是可选的。校验字符是通过对数字符进行一种运算而确定的。

（5）模块（Module），构成条形码的基本单位是模块，模块是指条形码中最窄的条或空，模块的宽度通常以mm或mil（千分之一英寸）为单位。构成条形码的一个条或空称为一个单元，一个单元包含的模块数是由编码方式决定的，有些码制中，如EAN码，所有单元由一个或多个模块组成；而另一些码制，如39码中，所有单元只有两种宽度，即宽单元和窄单元，其中的窄单元即为一个模块。

（二）条形码参数和概念

（1）条形码（Bar Code）。由一组规则排列的条、空及其对应字符组成的标记，用以表示一定的信息。

（2）条形码系统（Bar Code System）。由条形码符号设计、制作及扫描阅读组成的自动识别系统。

（3）密度（Density）。条形码的密度指单位长度的条形码所表示的字符个数。对于一种码制而言，密度主要由模块的尺寸决定，模块尺寸越小，密度越大，所以密度值通常以模块尺寸的值来表示（如5mil）。通常7.5mil以下的条形码称为高密度条形码，15mil以上的条形码称为低密度条形码，条形码密度越高，要求条形码识读设备的性能（如分辨率）也越高。高密度的条形码通常用于标识小的物体，如精密电子元件，低密度条形码一般应用于远距离阅读的场合，如仓库管理。

（4）宽窄比。对于只有两种宽度单元的码制，宽单元与窄单元的比值称为宽窄比，一般为2~3（常用的有2：1，3：1）。宽窄比较大时，阅读设备更容易分辨宽单元和窄单元，因此比较容易阅读。

（5）对比度（PCS）。条形码符号的光学指标，PCS值越大则条形码的光学特性越好。

$$PCS=（RL-RD）/RL \times 100\%$$

式中，RL——条的反射率；RD——空的反射率。

（6）条高（Bar Height）。构成条形码字符的条的二维尺寸中的纵向尺寸。

（7）条宽（Bar Width）。构成条形码字符的条的二维尺寸中的横向尺寸。

（8）空宽（Space Width）。构成条形码字符的空的二维尺寸中的横向尺寸。

（9）条宽比（Bar Width Ratio）。条形码中最宽条与最窄条的宽度比。

（10）条形码长度。从条形码起始符前缘到终止符后缘的长度。

（11）长高比（Length to Height Ratio）。条形码长度与条高的比。

（12）双向条形码（Bidirectional Bar Code）。条形码的两段都可以作为扫描起点的条形码。

（13）中间分隔符（Central Seperating Character）。在条形码符号中，位于两个相邻的条形码符号之间且不代表任何信息的空。

（14）连续性条形码（Continuous Bar Code）。在条形码字符中，两个相邻的条形码字符之间没有中间分隔符的条形码。

（15）非连续性条形码（Unfixed Length of Bar Code/Discrete Bar Code）。在条形码字符中，两个相邻的条形码字符之间存在中间分隔符的条形码。

（16）条/空（Bar/Space）。条形码中反射率较低/较高的部分。

（17）保护框（Bearer Bar）。围绕条形码且与条反射率相同的边或框。

（18）条形码字符（Bar Code Character）。表示一个字符的若干条与空。

（19）条形码填充符（Filler Character）。不表示特定信息的条形码字符。

（20）条形码字符间隔（Bar Code Intercharacter Gap）。相邻条形码字符间不表示特定信息且与空的反射率相同的区域。

（21）单元（Element）。构成条形码字符的条、空。

（22）附加条形码（Add-on）。表示附加信息的条形码。

（23）自校验条形码（Self-Checking Bar Code）。条形码字符本身具有校验功能的条形码。

（24）定长条形码（Fixed Length of Bar Code）。条形码字符个数固定的条形码。

（25）条形码字符集（Bar Code Character Set）。某类型条形码所能表示的字符集合。

（三）条形码编码的规则

（1）唯一性。同种规格同种产品对应同一个产品代码，同种产品不同规格应对应不同的产品代码。商品条形码的编码遵循唯一性原则，以保证商品条形码在全世界范围内不重复，即一个商品项目只能有一个代码，或者说一个代码只能标识一种商品项目。不同规格、不同包装、不同品种、不同价格、不同颜色的商品只能使用不同的商品代码。根据产品的不同性质，如重量、包装、规格、气味、颜色、形状等，赋予不同的商品代码。

（2）永久性。产品代码一经分配，就不再更改，并且是终身的。

（3）无含义。为了保证代码有足够的容量以适应产品频繁的更新换代的需要，最好采用无含义的顺序码。

（四）常见的条形码码制

码制即指条形码条和空的排列规则，条形码的分类多种多样，有商业通用条形码和工业通用条形码，一般分为一维码和二维码。

1. EAN条形码

EAN码的全名为欧洲商品条形码（European Article Number），由欧洲12个工业国家从1977年起共同发展出来的一种条形码。EAN商品条形码亦称通用商品条形码，商品上最常使用的条形码，由国际物品编码协会制订，通用于世界各地，目前国际上已有30多个国家加盟EAN，是使用最广泛的一种商品条形码，属于国际通用符号体系，它们是一种定长、无含义的条形码，主要用于商品标识。

EAN128条形码是由国际物品编码协会（EAN International）和美国统一代码委员会（UCC）联合开发、共同采用的一种特定的条形码符号。它是一种连续型、非定长、有含义的高密度代码，用以表示生产日期、批号、数量、规格、保质期、收货地等更多的商品信息。我国目前在国内推行使用的也是这种商品条形码。

EAN商品条形码分为EAN-13（标准版）和EAN-8（缩短版）两种。EAN-13通用商品条形码一般由前缀部分、制造厂商代码、商品代码和校验码组成。商品条形码中的前缀码是用来标识国家或地区的代码，赋码权在国际物品编码协会。我国由国家物品编码中心赋予制造厂商代码。

EAN码具有以下特性：只能储存数字；可双向扫描处理，即条形码可由左至右或由右至左扫描；须有一检查码，以防读取资料的错误情形发生，位于EAN码中的最右边；具有左护线、中线及右护线，以分隔条形码上的不同部分；条形码长度一定。其排列如图2-24所示。

EAN-13标准码共13位数，由国家代码3位数，厂商代码4~5位数，产品代码5~4位数，以及检查码1位数组成，如图2-25所示。

图2-24　EAN-13码的结构与编码方式

图2-25　EAN-13条形码

以条形码6936983800013为例说明商品条形码数字的含义。此条形码分为4个部分，从左到右分别为：

第1~3位：共3位，对应该条形码的693，是中国的国家代码之一。如690~695都是中国大陆的代码，由国际上分配。00~09代表美国、加拿大，30~37代表法国，40~44代表德国，45~49代表日本。471代表中国台湾地区，489代表香港特区，50代表英国、爱尔兰，88代表韩国，885代表泰国，888代表新加坡，955代表马来西亚。制造厂商代码的赋权在各个国家或地区的物品编码组织。第4~8位：共5位，对应该条形码的69838，代表着生产厂商代码，由厂商申请，国家分配。第9~12位：共4位，对应该条形码的0001，代表着厂内商品代码，由厂商自行确定。第13位：共1位，对应该条形码的3，是校验码，依据一定的算法，由前面12位数字计算而得到。

当包装面积小于120cm²以下，无法使用标准码时，可以申请使用EAN-8缩短码，如图2-26所示。EAN-8码的编码方式大致与EAN-13码相同，用于标识的数字代码为8位的商品条形码，由7位数字表示的商品项目代码和1位数字表示的校验符组成，商品项目代码包括国别码2~3位，产品代码4~5位。EAN-8码由国家号码、厂商单项产品号码及校验码组成，其中国家号码以及校验码的计算方式与EAN-13码相同，而厂商单项产品号码需逐一申请个别号码。

图2-26　EAN-8条形码

2. UPC

UPC（统一产品代码）主要使用于美国和加拿大地区，用于工业、医药、仓库等部门。只能用数字表示，有A、B、C、D、E五个版本。版本A为12位数字；版本E为7位数字；最后一位为校验位；大小是宽1.5英寸，高1英寸，而且背景要清晰。

当UPC作为12位进行解码时，定义如下：第1位为数字标识［已经由UCC（统一代码委员会）所建立］，第2~6位为生产厂家的标识号（包括第1位），第7~11为唯一的厂家产品代码，第12位为校验位。

3. Code 3 of 9

用字母、数字和其他一些符号共43种字符表示，包括A~Z，0~9，-. $ / + %，space等符号。条形码的长度是可变化的，通常用"*"作为起始和终止符，校验码不用代码，密度为每英寸3~9.4个字符，空白区是窄条的10倍，常用于工业、出版以及票证自动化管理。

4. Code 128

表示高密度数据，字符串长度可变，符号内含校验码。有A、B和C三种不同版本，可用128个字符分别在A、B或C三个字符串集合中，常用于工业、仓库、零售批发。

5. Interleaved 2-of-5

只能用数字0~9表示，长度可变，连续性条形码，所有条与空都表示代码，第一个数字由条开始，第二个数字由空组成，空白区比窄条宽10倍，应用于商品批发、仓库、机场、生产/包装识别、工业中，条形码的识读率高，可适用于固定扫描器可靠扫描，在所有一维条形码中的密度最高。

6. Codabar

Codabar（库德巴码）可表示数字0~9，字符$、+、-，还有只能用作起始、终止符的a、b、c、d四个字符，长度可变，没有校验位，应用于物料管理、图书馆、血站和当前的机场包裹发送中，空白区比窄条宽10倍，非连续性条形码，每个字符表示为4条3空。Codabar在日本的叫法是NW7。

7. 交叉二五码

交叉二五码，即Interleaved Two of Five Code（ITF），是黑条和白空都参加编码的一种码制，它的相邻字符符号分别由交叉排列的五个黑条和五个白空按表2-10所示的规则表示0~9十个阿拉伯数字。图2-27举例说明交叉二五码的样子。

表2-10　交叉二五码规则

数字符号	二进制码	数字符号	二进制码
0	00110	5	10100
1	10001	6	01100
2	01001	7	00011
3	11000	8	10010
4	00101	9	01010

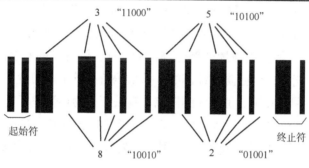

图2-27　交叉二五码的构成

除上述常用的一维条形码码制外，还有Code-B码、MSI码、中国邮政码、ISBN码等。

（五）二维码分类方法

目前全球二维码超过250种，其中常见的有20余种。而目前国内二维码产品大多源自于国外的技术。

1. QR码

QR码是由日本Denso公司于1994年9月研制的快速响应（Quickly Response）码，属于矩阵二维码符号。QR Code二维码范例如图2-28所示。它是目前日本主流的手机二维码技术标准，除具有二维码所具有的一般性能优点外，还可高效地表示汉字。Maxicode，Data Matrix，Code One，Vericode和Dotcode A均属于矩阵二维码符号，矩阵代码标签可以做得很小，甚至可以做成硅晶片的标签，因此适用于小物件。

2. PDF417码

PDF417码是由美国讯宝科技公司（Symbol Technologies Inc）于1990年研制、设计和推出的便携式数据文件（Portable Data File），简称PDF417条形码，417是指构成条形码的每一符号都由4个条和4个空组成，其总宽度为最小宽度的17倍。该码属于堆叠式二维码标准，是一个多行、不需要连接一个数据库、本身可存储大量数据、连续性、可变长的符号标识。PDF417码范例如图2-29所示。

图2-28　QR Code二维码

图2-29　PDF417二维条形码

PDF417码的特点为：信息容量大，每个条形码有3~90行，每一行有一个起始部分、数据部分、终止部分，最大数据含量是1850个字符；编码应用范围广，它的字符集包括所有128个字符；译码可靠性高，重叠代码中包含了行首与行尾标识符以及扫描软件，可以从标签的不同部分获得数据，只要所有的行都被扫到，就可以组合成一个完整的数据输入，所以这种码的数据可靠性很好；当条形码受到一定破坏时，错误纠正能使条形码正确解码，对PDF417而言，标签上污损或毁掉的部分高达50%时，仍可以读取全部数据内容，因此具有很强的修正错误的能力；保密防伪性能好；条形码符号的形状可变。

PDF417码主要应用在美国、加拿大的医院、驾驶证、物料管理、货物运输。美国的一些州、加拿大部分省份已经在车辆年检、行车证年审及驾驶证年审等方面，将PDF417选为机读标准。巴林、墨西哥、新西兰等国家将其应用于报关单、身份证、货物实时跟踪等方面。

3. DM码

DM码是韩国数据矩阵（Data Matrix）码，DM采用了复杂的纠错码技术，使得该编码具有超强的抗污染能力。DM码范例如图2-30所示。DM码由于其优秀的纠错能力成为韩国手机二维码的主流技术。

4. GM码

GM码是我国信息产业部于2006年5月颁布的行业推荐标准网格码（Grid Matrix Code），是一种正方形的二维码码制，该码制的码图由正方形宏模块组成，每个宏模块由6×6个正方形单元模块组成。GM码范例如图2-31所示。网格码可以编码存储一定量的数据，并提供5个用户可选的纠错等级。

图2-30　DM二维码

图2-31　GM二维码

5. CM码

CM码也是我国信息产业部于2006年5月颁布的紧密矩阵（Compact Matrix）码，CM码采用齿孔定位技术和图像分段技术，通过分析齿孔定位信息和图像分段信息，可快速完成二维条形码图像的识别和处理。CM码范例如图2-32所示。

图2-32　CM二维码

但中国运营商选择的是日本流行的QR码和韩国流行的DM码。在技术选择上可能有多种因素造成此种局面，中国二维码的研究工作开展较晚，自有技术标准形成时，QR和DM相关的商业公司已经在国内起动多时。

目前，世界上应用广泛的二维条形码符号还有Aztec Code、Code16K等。Aztec Code二维码的范例如图2-33所示。Code16K二维码的范例如图2-34所示。

图2-33　Aztec Code二维码

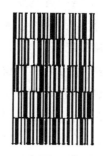

图2-34　Code16K二维码

三、条形码识别系统的工作原理

（一）系统总体结构

为了阅读出条形码所代表的信息，需要一套条形码识别系统，它由条形码扫描器、放大整形电路、译码接口电路和计算机系统等部分组成。以常见的平板式条形码扫描器为例，条形码扫描器一般由光源、光学透镜、扫描模组、模拟数字转换电路加塑料外壳构成。它利用光电元件将检测到的光信号转换成电信号，再将电信号通过模拟数字转换器转化为数字信号传输到计算机中处理。条形码的扫描需要扫描器，扫描器利用自身光源照射条形码，再利用光电转换器接受反射的光线，将反射光线的明暗转换成数字信号。其原理如图2-35所示。

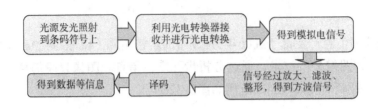

图2-35　条形码扫描器结构原理

当条形码扫描器光源发出的光经光阑及凸透镜照射到黑白相间的条形码上时，反射光经凸透镜聚焦后，照射到光电转换器上，于是光电转换器接收到与白条和黑条相应的强弱不同的反射光信号，并转换成相应的电信号输出。

当扫描一副图像的时候，光源照射到图像上后，反射光穿过透镜会聚到扫描模组上，由扫描模组把光信号转换成模拟数字信号（即电压，它与接收到的光的强度有关），同时指出那个像数的灰暗程度。

白条、黑条的宽度不同，相应的电信号持续时间长短也不同。模数转换电路把模拟电压信号转换成数字信号后，传送给微处理器或计算机系统，并进行识读。

（二）放大整形电路

由光电转换器输出的与条形码的条和空相应的电信号一般仅10mV左右，不能直接使用，因而先要将光电转换器输出的电信号送放大器放大。放大后的电信号仍然是一个模拟电信号，为了避免条形码中有疵点和污点导致错误信号出现，在放大电路后需要加一整形电路，把模拟电信号转换成数字电信号。

（三）译码器与接口电路

译码器的作用是将整形电路所得的脉冲数字信号译成数字、字符信息。它通常由微处理器和相应的硬件组成，它通过识别起始、终止字符来判别出条形码符号的码制及扫描方向，通过测量脉冲数字电信号中0、1的数目来判别出条和空的数目，通过测量0、1信号持续的时间来判别条和空的宽度，这样便得到了被辨读的条形码符号的条和空的数目及相应的宽度和所用码制。根据码制所对应的编码规则，便可将条形码符号转换成相应的数字、字符信息。通过接口电路送给计算机系统进行数据处理与管理，便完成了条形码辨读的整个过程。

四、条形码扫描器

（一）条形码扫描器的种类

条形码扫描器等种类有很多，常见的有以下几类。

（1）手持式条形码扫描仪。手持式扫描器是1987年推出的产品，外形很像超市收款员拿在手上使用的条形码扫描器。手持式条形码扫描器绝大多数采用CIS技术，光学分辨率为200dpi，有黑白、灰度、彩色多种类型，其中彩色类型一般为18位彩色。也有个别高档产品采用CCD技术，可实现位真彩色，更高位数的条形码扫描器扫描出来的效果就是颜色衔接平滑，能够看到更多的画面细节，扫描效果较好。图2-36所示为手持式条形码扫描器。

（2）小滚筒式条形码扫描器。这是手持式条形码扫描器和平台式条形码扫描器的中间产品（这几年有新产品出现，因为是内置供电且体积小，被称为笔记本条形码扫描器）。这种产品绝大多数采用CIS技术，光学分辨率为300dpi，有彩色和灰度两种，彩色型号一般为24位彩色。也有极少数小滚筒式条形码扫描器采用CCD技术，扫描效果明显优于CIS技术的产品，但由于结构限制，体积一般明显较大。

图2-36　手持式条形码扫描器

小滚筒式的设计是将条形码扫描器的镜头固定，而移动要扫描的物品，使条形码标签通过镜头来扫描，运作时就像打印机那样，要扫描的物件必须穿过机器再送出，因此，被扫描的物体不可以太厚。这种条形码扫描器最大的好处就是体积很小，但是由于使用起来有多种局限，例如，只能扫描较薄的纸张，其宽窄还不能超过条形码扫描器的大小。

（3）平台式条形码扫描器。又称平板式条形码扫描器、台式条形码扫描器。目前在市面上大部分的条形码扫描器都属于平板式条形码扫描器。这类条形码扫描器光学分辨率在300~8000dpi之间，色彩位数从24位到48位，扫描幅面一般为A4或者A3。平板式的好处在于像使用复印机一样，只要把条形码扫描器的上盖打开，不管是书本、报纸、杂志还是照片底片都可以放上去扫描，相当方便，而且扫描出的效果也是所有常见类型条形码扫描器中最好的。

还有大幅面扫描用的大幅面条形码扫描器、笔式条形码扫描器、底片条形码扫描器、实物条形码扫描器，还有主要用于印刷排版领域的滚筒式条形码扫描器等。

（二）条形码扫描器的感光器件

目前市场上条形码扫描器所使用的感光器件主要有四种：半导体隔离CCD，硅氧化物隔离CCD，接触式感光器件（CIS或LIDE），光电倍增管，主流产品是两种CCD。

半导体隔离CCD常用数字耦合器件作为半导体感光器件，其成像原理类似于照相机，对印刷的条形码图案进行成像，然后再译码。它是在一片硅单晶上集成了几千到几万个光电三极管，这些光电三极管分为三列，分别用红、绿、蓝色的滤色镜罩住，从而实现彩色扫描。相比之下，硅氧化物隔离CCD比半导体隔离CCD要好。简单地说，是半导体的CCD三极管间漏电现象会影响扫描精度，用硅氧化物隔离会大大减小漏电现象（硅氧化物是绝缘体），当然最好再加上温度控制，因为不管是半导体还是绝缘体，一般都是温敏的，导电性一般会随着温度升高而提高。但因为成本较高，市场上的硅氧化物隔离CCD还比较少。

接触式感光器件，它使用的感光材料一般是人们用来制造光敏电阻的硫化镉，生产成本应该是较CCD低得多，市场上同等精度的CIS条形码扫描器总是比CCD的条形码扫描器便宜不少正是这个原因。扫描距离短，扫描清晰度低，甚至有的时候达不到标称值，温度变化比较容易影响扫描精度，这些正是这种条形码扫描器的致命问题。

光电倍增管，感光材料主要是金属铯的氧化物。扫描精度，甚至受温度影响的程度和噪声等都是最好的，可价格也是最贵的。

（三）条形码扫描器的接口

条形码扫描器的常用接口类型有以下三种。

1. 通用串行总线接口

通用串行总线接口USB是一种最近几年刚开发出来的高速串行接口，USB1.1标准最高传输速度为12Mbps，并且有一个辅助通道用来传输低速数据。USB2.0的条形码扫描器速度可扩展到480Mbps。具有热插拔功能，即插即用。配置了此接口的条形码扫描器随着USB标准推广而逐渐普及。

2. 增强型并行接口

增强型并行接口EPP是一种增强了的双向并行传输接口，最高传输速度为1.5Mbps。不限制连接数目（只要你有足够的端口），设备的安装及使用容易。缺点是速度较低。此接口因安装和使用简单方便，故在中低端对性能要求不高的场合应用比较广泛。

3. 小型计算机标准接口

小型计算机标准接口SCSI最大的连接设备数为7个，通常最大的传输速度是40Mbps，速度较快，一般连接高速的设备。在PC机上一般要另加SCSI卡，安装时注意硬件冲突。

（四）条形码扫描器的评价

一台条形码扫描器的光电器件是决定其性能的重要因素，其他的如控制电路、软件等也很重要。在判断一款条形码扫描器的性能时，只有通过实际操作和评测软件等方法来了解。

1. 首读率、误码率、拒识率

$$首读率 = \frac{首次读出条码符号数量}{识读条码符号的总数量} \times 100\% \tag{2-1}$$

$$误码率 = \frac{错误识别次数}{识别总次数} \times 100\% \tag{2-2}$$

$$拒识率 = \frac{不能识别的条码符号数量}{条码符号的总数量} \times 100\% \tag{2-3}$$

一般要求首读率在85%以上，误码率低于0.01%，拒识率低于1%。

2. 分辨率

条形码扫描器的分辨率是最为重要的指标。扫描器的分辨率是指扫描器在识读条形码符号时，能够分辨出的条（空）宽度的最小值。它与扫描器的扫描光点（扫描系统的光信号的采集点）尺寸有着密切的关系。扫描光点尺寸的大小则是由扫描器光学系统的聚焦能力决定的，聚焦能力越强，所形成的光点尺寸越小，则扫描器的分辨率越高。

条形码扫描器的分辨率要从三个方面来确定：光学部分、硬件部分和软件部分。也就是说，条形码扫描器的分辨率等于其光学部件的分辨率加上其自身通过硬件及软件进行处理分析所得到的分辨率。光学分辨率是条形码扫描器的光学部件在每平方英寸面积内所能捕捉到的实际的光点数，是指条形码扫描器CCD（或者其他光电器件）的物理分辨率，也是条形码扫描器的真实分辨率，它的数值是由光电元件所能捕捉的像素点除以条形码扫描器水平最大可扫尺寸得到的数值。如分辨率为1200dpi的条形码扫描器，往往其光学部分的分辨率只有400～600dpi。扩充部分的分辨率由硬件和软件联合生成，这个过程是通过计算机对图像进行分析，对空白部分进行数学填充所产生的，这一过程也叫插值处理。

光学扫描与输出是一对一的，扫描到什么，输出的就是什么。经过计算机软硬件处理之后，输出的图像就会变得更逼真，分辨率会更高。目前市面上出售的条形码扫描器大都具有对分辨率的软、硬件扩充功能。有的条形码扫描器产品广告上写9600×9600dpi，这只是通过软件插值得到的最大分辨率。所以对条形码扫描器来讲，其分辨率有光学分辨率（或称光学解析度）和最大分辨率之分。

某台条形码扫描器的分辨率高达4800dpi，这个4800dpi是光学分辨率和软件插值处理的总和，是指用条形码扫描器输入图像时，在1平方英寸的扫描幅面上，可采集到4800×4800个像素点（Pixel）。1平方英寸的扫描区域，用4800dpi的分辨率扫描后生成的图像大小是4800Pixel×4800Pixel。在扫描图像时，扫描分辨率设得越高，生成的图像的效果就越精细，生成的图像文件也越大，但插值成分也越多。

3. 扫描景深

扫描景深与条形码符号的最窄单元宽度以及条形码其他的质量参数有关。激光扫描器扫描工作距离一般为20~76cm；CCD扫描器的扫描景深一般为2.5~5cm，新型的CCD扫描器的扫描景深能扩展到17.78cm。

4. 扫描频率

扫描频率是扫描器进行多重扫描时每秒的扫描次数。

5. 抗镜向反射能力

扫描器在扫描条形码符号时，其探测器接收到的反射光是漫反射光，而不是直接的镜向反射光，方能保证正确识读。

6. 抗污染、抗皱折能力

对于被弄脏、弄皱的条形码符号，在扫描过程中容易发生信号变形，通过信号整形复原的能力。

五、条形码编码过程

由于条形码的码制非常多，这里仅以EAN码为范例，说明如何编写并生成条形码图像，以便嵌入应用项目中去。对于其他的编码方式，其生成图像的基本方法大体上是一致的。

（一）EAN结构与编码方式

（1）导入值。为EAN-13的最左边第一个数字，即国家代码的第一码，是不用条形码符号表示的，其功能仅作为左资料码的编码设定之用。

（2）左护线。为辅助码，不代表任何资料，长度较一般资料长，逻辑型态为101，其中1代表细黑，0代表细白。

（3）左资料码。即左护线和中线间的条形码部分，如表2-11所示共有六个数字资料，其编码方式取决于导入值的大小，其编码方式采为A类或B类编码规则，如表2-12所示。

（4）右资料码。即位于右护线与中线之间的条形码部分，包括五位数产品代码与一位检查码，其编码方式采为C类编码规则，规则如表2-12所示。

表2-11　EAN-13码左资料码编码规则

导入值	编码方式	导入值	编码方式
1	AAAAAA	6	ABBBAA
2	AABABB	7	ABABAB
3	AABBAB	8	ABABBA
4	ABAABB	9	ABBABA
5	ABBAAB		

表2-12　EAN-13码左资料码逻辑值

字码	值	A类编码原则逻辑值	B类编码原则逻辑值	C类编码原则逻辑值
0	0	0001101	0100111	1110010
1	1	0011001	0110011	1100110
2	2	0010011	0011011	1101100
3	3	0111101	0100001	1000010
4	4	0100011	0011101	1011100
5	5	0110001	0111001	1001110
6	6	0101111	0000101	1010000
7	7	0111011	0010001	1000100
8	8	0110111	0001001	1001000
9	9	0001011	0010111	1110100

（5）中线。为辅助码，区分左资料码与右资料码之用。中线长度较一般资料为长，逻辑型态为01010，其逻辑型态实际上是101的左右两侧分别加入一条细白空构成。

（6）右护线。为辅助码，列印长度与左护线、中线相同，逻辑型态亦为101。

（二）条形码校验码

在编码过程中还需要注意条形码校验码的计算。以EAN-13码为例，计算条形码校验码。

首先，把条形码从左往右依次编序号为1、2、3、…、12、C，即各码代号为：N1、N2、N3、N4、N5、N6、N7、N8、N9、N10、N11、N12、C，从序号1开始把所有奇数序号位上的数相加求和得到C1；序号2开始把所有偶数序号位上的数相加求和，用求出的和乘3，得到C2；然后得出C1与C2的和并取个位数得到CC；再用10减去这个和，就得出校验码C。

检查码之计算步骤如下：

$$C1 = N1 + N3 + N5 + N7 + N9 + N11 \tag{2-4}$$

$$C2 = （N2 + N4 + N6 + N8 + N10 + N12） \times 3 \tag{2-5}$$

$$CC=（C1+C2）取个位数 \qquad （2-6）$$

$$C（检查码）=10-CC（若值为10，则取0） \qquad （2-7）$$

举个例子：设条形码为977167121601X（X为校验码）。

$$C1=9+7+6+1+1+0=24$$

$$C2=（7+1+7+2+6+1）×3=24×3=72$$

$$CC=24+72=96$$

$$C=100-96=4$$

所以最后校验码X=4。此条形码为9771671216014。

（三）条形码编码

1.基于控件的条形码编码

（1）条形码编程。从编制到条形码的转化过程，即使之图形化，称为条形码编码过程。条形码编码过程有按照标准自行编制和商业化编码软件两种方法。条形码编码过程可以利用已有的成熟控件进行编写，也可以完全自行编写软件完成。下面介绍利用Microsoft Barcode Control 9.0控件编码的方法。

Barcode控件是可以在Microsoft Office Access窗体和报表中显示条形码符号的Active X控件。Barcode支持常用的11种条形码符号，即UPC-A、UPC-E、EAN-13、EAN-8、Casecode、NW-7、Code-39、Code-128、US Postnet、US Postal FIM和JP Post条形码。

打开Visual Basic 6.0软件后，首先在菜单中依次选择工程→部件（Ctrl+T），引用Microsoft Barcode Control 9.0控件，如图2-37（a）所示。在工具栏上看到多出的相应的控件，如图2-37（b）所示。在Form1窗体上拖入Barcode、Image和Text三个控件，如图2-38所示。

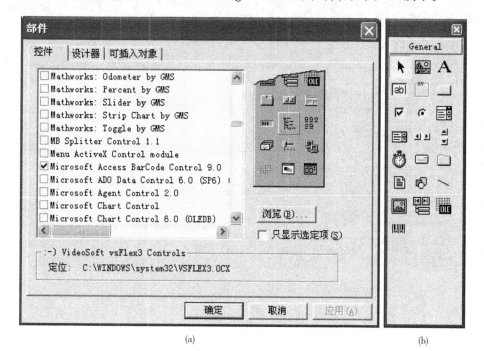

(a)　　　　　　　　　　　　　　　(b)

图2-37　VB中加入控件的过程

图2-38　VB中条形码窗口设计

　　双击窗体，在程序编辑框内插入如图2-39的程序，分别为单击窗体与文本框变化输入程序后，运行程序，在Text框内输入需要编写的条形码的值，其图像部分自动显示如图2-40所示的相应的条形码。

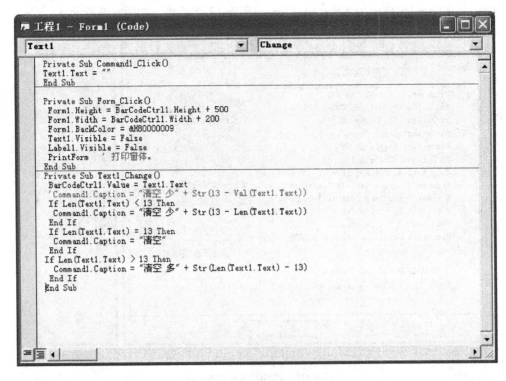

图2-39　软件的开发

图2-40 条形码软件的运行效果

（2）源程序清单。

```
Private Sub Command1_Click()
    Text1.Text=""
End Sub
Private Sub Form_Click()
    Form1.Height=BarCodeCtrl1.Height+500
    Form1.Width=BarCodeCtrl1.Width+200
    Form1.BackColor=&H80000009
    Text1.Visible=False
    Label1.Visible=False
    PrintForm '打印窗体。
End Sub
Private Sub Text1_Change()
    BarCodeCtrl1.Value=Text1.Text
    'Command1.Caption="清空 少" + Str(13 – Val(Text1.Text))
    If Len(Text1.Text)<13 Then
        Command1.Caption="清空 少"+Str(13–Len(Text1.Text))
    End If
    If Len(Text1.Text)=13 Then
```

```
            Command1.Caption="清空"
        End If
        If Len(Text1.Text)>13 Then
            Command1.Caption="清空 多"+Str(Len(Text1.Text)−13)
        End If
    End Sub
```

2. 条形码编码软件开发

打开Visual Basic 6.0软件后，在Form1窗体上拖入Label、Text、Frame、CheckBox和Image五个控件，并修改相应的属性值后界面如图2-41所示。

图2-41　条形码编码软件开发窗口

（1）添加源程序。

```
Option Explicit
'EAN_13编码算法
Private Enum EAN_13
    Subset_A=0'数字符
    Subset_B=1'左侧数据符
    Subset_C =2'右侧数据符
    CenterSeparating=3'中间分隔符
    Start_or_Stop=4'起始符、终止符
End Enum
```

（2）根据字符获取EAN-13二进制自编码符串。

```
Private Function Get_EAN_13_Encoding(ByVal Location As EAN_13，_
    Optional ByVal Char As String="") As String
```

```
Select Case Location
    Case 0 '子集A
        Get_EAN_13_Encoding=Choose(Val(Char)+1，"0001101"，_
            "0011001"，"0010011"，"0111101"，"0100011"，"0110001"，_
            "0101111"，"0111011"，"0110111"，"0001011")
    Case 1 '子集B
        Get_EAN_13_Encoding=Choose(Val(Char)+1，"0100111"，_
            "0110011"，"0011011"，"0100001"，"0011101"，"0111001"，_
            "0000101"，"0010001"，"0001001"，"0010111")
    Case 2 "子集C
        Get_EAN_13_Encoding=Choose(Val(Char)+1，"1110010"，_
            "1100110"，"1101100"，"1000010"，"1011100"，"1001110"，_
            "1010000"，"1000100"，"1001000"，"1110100")
    Case 3 '中间分隔符
        Get_EAN_13_Encoding="01010"
    Case 4 '起始符、终止符
        Get_EAN_13_Encoding="101"
End Select
End Function
```

（3）获取EAN-13的检查码。

```
Private Function Get_EAN_13_CheckCode(ByVal Data As String) As String
    Dim i As Integer
    Dim WeightedSum As Integer '存放加权和
    Dim Index As Integer
    For i=Len(Data) To 1 Step-1
        Index=Index+1
        If Index Mod 2=1 Then '奇数
            WeightedSum=WeightedSum+(Val(Mid(Data，i，1))*3)
        Else '偶数
            WeightedSum=WeightedSum+Val(Mid(Data，i，1))
        End If
    Next
    Get_EAN_13_CheckCode=(10-WeightedSum Mod 10)mod 10
End Function
Private Function Get_EAN_13_A_B(ByVal Prefix As Integer，_
    ByVal Index As Integer) As EAN_13
```

```
Select Case Prefix
Case 0
        Get_EAN_13_A_B=Subset_A
Case 1
        If Index=2 Or Index=3 Or Index=5 Then
            Get_EAN_13_A_B=Subset_A Else
            Get_EAN_13_A_B=Subset_B
Case 2
        If Index=2 Or Index=3 Or Index=6 Then
            Get_EAN_13_A_B=Subset_A Else
            Get_EAN_13_A_B=Subset_B
Case 3
        If Index=2 Or Index=3 Or Index=7 Then
            Get_EAN_13_A_B=Subset_A Else
            Get_EAN_13_A_B=Subset_B
Case 4
        If Index=2 Or Index=4 Or Index=5 Then
            Get_EAN_13_A_B=Subset_A Else
            Get_EAN_13_A_B=Subset_B
Case 5
        If Index=2 Or Index=5 Or Index=6 Then
            Get_EAN_13_A_B=Subset_A Else
            Get_EAN_13_A_B=Subset_B
Case 6
        If Index=2 Or Index=6 Or Index=7 Then
            Get_EAN_13_A_B=Subset_A Else
            Get_EAN_13_A_B=Subset_B
Case 7
        If Index = 2 Or Index = 4 Or Index = 6 Then
            Get_EAN_13_A_B = Subset_A Else
            Get_EAN_13_A_B = Subset_B
Case 8
        If Index=2 Or Index=4 Or Index=7 Then
            Get_EAN_13_A_B=Subset_A Else
            Get_EAN_13_A_B=Subset_B
Case 9
```

```
        If Index=2 Or Index=5 Or Index=7 Then
                Get_EAN_13_A_B=Subset_A
                Else Get_EAN_13_A_B=Subset_B
    End Select
End Function
```

（4）获取左右数据编码。

```
Private Function Get_EAN_13_Binary(ByVal Data As String) As String()
    Dim Binary(14) As String
    Dim i As Integer，j As Integer
    '固定值
    Binary(0)=Get_EAN_13_Encoding(Start_or_Stop)
    Binary(14)=Get_EAN_13_Encoding(Start_or_Stop)
    Binary(7)=Get_EAN_13_Encoding(CenterSeparating)
    Data = Data & Get_EAN_13_CheckCode(Data)
    For i = 2 To 13
        If i<8 Then
            Binary(i-1)=Get_EAN_13_Encoding(Get_EAN_13_A_B( _
                Val(Mid(Data，1，1))，i)，Mid(Data，i，1))
        Else
            Binary(i)=Get_EAN_13_Encoding(Subset_C，Mid(Data，i，1))
        End If
    Next
    Get_EAN_13_Binary=Binary
End Function
```

（5）绘制EAN-13条形码。

```
'Data=标准EAN-13条形码数据，数据长度=12位，如果为11位时，第一位必须为0；数
据中不能包含除0-9外的任何字符
'StartX=起始X坐标
'Top_bottom=与顶部和底部的距离
'DrawWidth=画线条宽度
'ShowData=是否显示数据字符
Public Function Draw_EAN_13(ByVal Data As String，obj As Object， _
    ByVal StartX As Single，ByVal Top_bottom As Single， _
    Optional ByVal DrawWidth As Integer = 2， _
    Optional ByVal ShowData As Boolean = True) As Boolean
    Dim EncodingBin() As String
```

```
Dim i As Integer，j As Integer，k As Integer
Dim DrawLineX As Single
Dim Binary As Integer
Dim NewData As String '存放加上检查码后的数据
obj.ScaleMode = 3
obj.DrawWidth = 1
obj.Cls
If ShowData Then
    DrawLineX=StartX+obj.TextWidth(Mid(Data，1，1))+2 Else
    DrawLineX=StartX
'如果数据长度为11时，当第一个字符="0"时，说明该数据为
'标准UPC-A条形码，在前面添加一个"0"变成标准的EAN-13编码
If Len(Data)=11 Then
    If Mid(Data，1，1) = "0" Then
        Data = "0" & Data
If Len(Data) <> 12 Then
    Draw_EAN_13 = False
    Exit Function '判断是否为标准EAN-13编码
For i=1 To 12
        If InStr("0123456789"，Mid(Data，i，1)) = 0 Then
        Draw_EAN_13 = False
        Exit Function '判断是否为标准EAN-13编码
Next
NewData = Data & Get_EAN_13_CheckCode(Data)
EncodingBin = Get_EAN_13_Binary(Data)
For i = 0 To UBound(EncodingBin)
If ShowData Then
    If i < 7 Then
        If i = 0 Then
            obj.CurrentX = StartX Else obj.CurrentX = DrawLineX + 2
            obj.CurrentY=obj.ScaleHeight-Top_bottom-obj.TextHeight("1")
            obj.Print UCase(Mid(NewData，i + 1，1));
        ElseIf i > 7 Then
            If i=0 Then obj.CurrentX=StartX
                Else obj.CurrentX=DrawLineX+2
                    obj.CurrentY=obj.ScaleHeight-Top_bottom- _
```

```
                        obj.TextHeight("1")
                obj.Print UCase(Mid(NewData, i, 1));
        End If
    End If
    For j = 1 To Len(EncodingBin(i))
        Binary = Val(Mid(EncodingBin(i), j, 1))
        If Binary = 1 Then
            For k = 1 To DrawWidth
                If ShowData Then
                    If i > 0 And i < 7 Or i > 7 And i < 14 Then
                        obj.Line(DrawLineX, Top_bottom)-(DrawLineX, _
                        obj.ScaleHeight - Top_bottom - obj.TextHeight("1"))
                    Else obj.Line(DrawLineX, Top_bottom)-(DrawLineX, _
                        obj.ScaleHeight - Top_bottom)
                    End If
                Else
                    obj.Line(DrawLineX, Top_bottom)-(DrawLineX, _
                    obj.ScaleHeight - Top_bottom)
                End If
                DrawLineX = DrawLineX + 1
            Next k
        Else
            DrawLineX = DrawLineX + DrawWidth
        End If
    Next j
Next i
End Function
```

（6）程序装置时显示默认的条形码。

```
Private Sub Form_Load()
    Text1_Change
End Sub
```

（7）修改条形码数值时显示新的条形码。

```
Private Sub Text1_Change()
        '文字改变时重绘条形码
    If chkEAN13.Value = 1 Then
        Call Draw_EAN_13(Text1.Text, Picture1, 5, 5)
```

End If
  End Sub
  程序运行后，在条形码内容后面的文本框内输入条形码数值后，自动在图片上面显示相应的条形码和条形码参数，如图2-42所示。

图2-42 自动显示条形码和条形码参数

六、二维码的编码

（一）编码原理

  确定编码的字符类型，按相应的字符集转换成符号字符；选择纠错等级，在规格一定的条件下，纠错等级越高其真实数据的容量越小。QR码数据的容量范围如表2-13所示。程序中若使用中若文汉字UTF8，其容量为984个字。

表2-13 QR码数据的容量

类型	数据容量	类型	数据容量
数字	7089	中文汉字UTF8	984
字母	4296	中文汉字BIG5	1800
二进制数（8bit）	2953 bytes	日文Shift JIS	1817

  其实际容量由版本信息的数据确定，版本信息即二维码的规格，QR码符号共有40种规格的矩阵（一般为黑白色），从21×21（版本1），到177×177（版本40），每一版本符号比前一版本每边增加4个模块。版本代表每行有多少模块，每一个版本比前一个版本增加4个码元，码元数量计算公式为$(n-1) \times 4+21$，其中n为版本号，每个码元存储一个二进制0或者1。1代表黑色，0表示白色。比如，版本1如图2-43所示，版本2如图2-44所示。表示每一行有21个码元。版本7~40都包含了版本信息，没有版本信息的全为0。

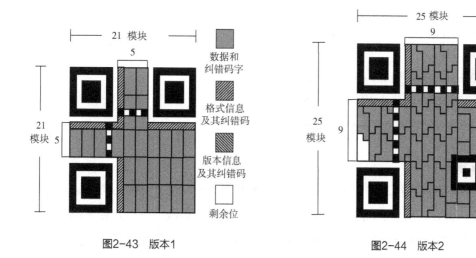

图2-43 版本1　　　　　　　　　　　　图2-44 版本2

　　二维码的生成信息按照一定的编码规则后变成二进制，通过黑白色形成矩形。详细的Encode编码步骤如下。

1. 数据分析

　　数据分析（Data analysis）是根据输入数据确定数据模式、版本和纠错级别以获得最佳数据编码。版本是指数据的量，选择一个数据量最小的版本，如表2-14所示。

表2-14　数据量的计算方法

Version	No. of Modules/ side（A）	Function pattern modules（B）	Format and Version Information modules（C）	Data modules except（C）（$D=A^2-B-C$）	Data capacity [code words]（E）	Remainder Bits
1	21	202	31	208	26	0
2	25	235	31	359	44	7

```
Friend Function pModuleSize(ByVal nVersion As Long)As Long
    Select Case nVersion
        Case –4 To –1
            pModuleSize = 9–2*nVersion
        Case 1 To 40
            pModuleSize = 17+4*nVersion
    End Select
End Function
Friend Function pAlignmentPatternSize(ByVal nVersion As Long) As Long
    If nVersion < 2 Then pAlignmentPatternSize = 1 _
    Else pAlignmentPatternSize =2+nVersion\7
```

```
End Function
Friend Function pAlignmentPatternCount(ByVal nVersion As Long) As Long
    Dim i As Long
    i = pAlignmentPatternSize(nVersion)
    If i < 2 Then pAlignmentPatternCount = 0 _
    Else pAlignmentPatternCount = i * i – 3
End Function
```

2. 数据编码

将数据字符转换为位流，每8位一个码字，整体构成一个数据的码字序列的过程称为数据编码（Data Encodation）。如果所有的编码加起来不是8的倍数，还要在后面加上足够的0，如果序列还没有达到最大字节数的限制，还要加一些补齐码（Padding Bytes），Padding Bytes就是交替重复11101100和00010001两个字节。每种版本字节位数是不同的。数据中包含分组的开头和结尾的字符。编码生成一个二进制序列，序列中包含了数字、字符等特有的编码类型的二进制，编码内容的长度由二进制总长度加上二进制结束符（4个0）决定。

数据可以按照一种模式进行编码，以便进行更高效的解码。例如，对于类型为数据的，比如01234567编码（版本1-H）。

（1）分组：012，345，67

（2）转成二进制：012→0000001100；345→0101011001；67→1000011

（3）转成序列：0000001100；0101011001；1000011

（4）字符数转成二进制：8→00 0000 1000

（5）加入模式指示符0001：0001 0000001000 0000001100 0101011001 1000011对于字母、中文、日文等只是分组的方式、模式等内容有所区别。基本方法是一致的。模式指示符如表2-15所示。

表2-15　指示符编写规则

模式	指示符	模式	指示符
ECI	0111	中国汉字	1101
数字	0001	日本汉字	1000
字母数字	0010	结构链接	0011
FNC1（1）	0101	FNC1（2）	1001
二进制数	0100	终止符	0000

3. 生成纠错码

生成纠错码（Error Correction）的原理可以查看ISO/IEC 18004 2000-06-15的第30页到44页的Table-13到Table-22的定义表，可以知道生成纠错码的过程。

```
Friend Sub EncodeEC(ByRef nData() As Long)
```

Dim i As Long，j As Long，k As Long

Dim t(2 ^ 10 − 1) As Long

CopyMemory t(m_nChecksumCount)，nData(m_nChecksumCount)，_

    m_nDataCount * 4&

For i = m_nDataCount − 1 To 0 Step −1

    k = t(i + m_nChecksumCount)

    For j = 0 To m_nChecksumCount − 1

        t(i + j) = t(i + j) Xor _

            MultiplyLUT(k，m_nGeneratorPolynomial(j))

    Next j

Next i

For i = 0 To m_nChecksumCount − 1

    nData(i) = t(i)

Next i

End Sub

4. 构造数据

构造数据（Structure Final Message）部分是把数据码和纠错码的各个8位一组的十进制数（Codewords）交替放在一起。规则如下：对于数据码，把每个块的第一个Codewords先拿出来按顺度排列好，然后再取第一块的第二个，依此类推。对于纠错码，规则也是一样。然后按数据码在前纠错码在后合并起来。普通二维码的基本结构如图2-45所示。

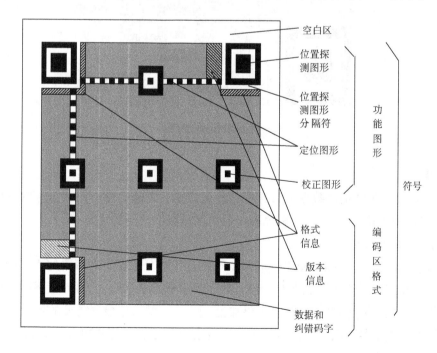

图2-45　普通二维码的基本结构

位置探测图形、位置探测图形分隔符、定位图形用于对二维码的定位，对每个QR码来说，位置都是固定存在的，只是大小规格会有所差异；校正图形的规格确定，校正图形的数量和位置也就确定了。

在规格确定的条件下，将上面产生的序列按次序放入分块中。按规定把数据分块，然后对每一块进行计算，得出相应的纠错码字区块，把纠错码字区块按顺序构成一个序列，添加到原先的数据码字序列后面。如D1、D12、D23、D35、D2、D13、D24、D36、D11、D22、D33、D45、D34、D46、E1、E23、E45、E67、E2、E24、E46、E68。

5. 分组构成矩阵

分组构成矩阵（Module Placement in Matrix）即对构造数据进行分组后构造矩阵：将探测图形、分隔符、定位图形、校正图形和码字模块放入矩阵中。把上面的完整序列填充到相应规格的二维码矩阵的区域中，其数据结构如图2-46所示。

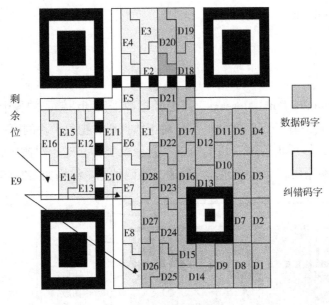

图2-46　二维码数据结构

6. 掩码

掩码（Masking）就是对数据进行异或，分散数据，将掩码图形用于符号的编码区域，使得二维码图形中的深色和浅色（黑色和白色）区域能够比例最优分布。

7. 格式与版本信息

格式与版本信息（Format and Version Information）部分根据最终编码的要求产生格式与版本信息并完成编码后绘图。加上剩余位，对于部分版本的QR，上面的还不够长度，还要加上剩余位，比如，5Q版的二维码，还要加上7个bits，剩余位根据需要的位数加上相应个数的零就好了。关于各个版本分别需要多少个剩余位，可以参看ISO/IEC 18004 2000-06-15的第15页的Table-1的定义表。

格式信息表示该二维码的纠错级别。纠错编码，按需要将上面的码字序列分块，并根据纠错等级和分块的码字，产生纠错码字，并把纠错码字加入数据码字序列后面，成为一个新的序列。错误修正容量有4个等级，每个等级按照字码可被修正的比例划分：L水平7%，M水平15%，Q水平25%，H水平30%。在二维码规格和纠错等级确定的情况下，其实它所能容纳的码字总数和纠错码字数也就确定了，比如，版本10，纠错等级是H时，总共能容纳346个码字，其中224个纠错码字。就是说二维码区域中大约1/3的码字是冗余的。对于这224个纠错码字，它能够纠正112个替代错误（如黑白颠倒）或者224个数据读错误（无法读到或者无法译码），这样纠错容量为：112/346=32.4%。

生成格式和版本信息放入相应区域内。二维码上两个位置包含了版本信息，它们是冗余的。版本信息共18位，6×3的矩阵，其中6位是数据位，如版本号8，数据位的信息是001000，后面的12位是纠错位。至此，二维码的编码流程基本完成了。

（二）编码范例

下面介绍在Visual Basic 6.0环境中开发二维码的过程。打开Visual Basic 6.0软件后，在Form1窗体上拖入Text、Image和CommandButton三个控件，并修改相应的属性值后界面见图2-47。编写QRCode类模块相应代码。

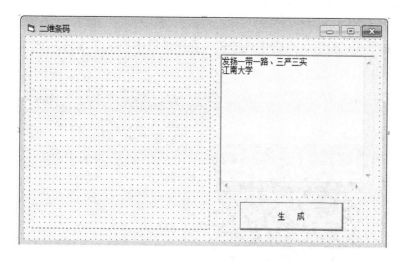

图2-47　编写QRCode的窗体

1. 加入QRCode类，添加源程序

```
Option Explicit
Private Declare Function WideCharToMultiByte Lib "kernel32.dll" _
    (ByVal CodePage As Long, ByVal dwFlags As Long, _
    ByRef lpWideCharStr As Any, ByVal cchWideChar As Long, _
    ByRef lpMultiByteStr As Any, ByVal cchMultiByte As Long, _
    ByRef lpDefaultChar As Any, ByRef lpUsedDefaultChar As Any) As Long
```

```
    Private Const CP_UTF8 As Long = 65001
    Private obj As New clsQRCode
Private Sub Form_Load()
    Call CommandGenerate_Click
End Sub
Private Sub CommandGenerate_Click()
    Dim b2() As Byte
    Dim str As String
    Dim i As Long，m As Long
    str= Text1.Text
    m=Len(str)
    i=m*3+64
    ReDim b2（i）
    m = WideCharToMultiByte(CP_UTF8，0，ByVal StrPtr(str)，_
                        m，b2(0)，i，ByVal 0，ByVal 0)
    Set Image1.Picture = obj.Encode(b2，m)
End Sub
```

加入上述程序并运行后，点击生成按钮，在图像框中产生二维码，如图2-48所示。

图2-48　产生二维码窗口

上述程序中引用了一个clsQRCode类，并使用其中的Encode函数编写二维码。由于该类的源代码有1100行。此处仅列举其示范代码。

Friend Function Encode(ByRef bIn() As Byte，ByVal nSize As Long) As StdPicture
'定义部分 Dim nVersion As Long

2. 二维码大小计算

Do

  nEncodedBitCount = pEncodeToBitArray(bEncodedBit，bIn，nSize，1，True)

  For nVersion = 1 To 9

  nAvaliableDataCodewordCount = pDataCodewordCount(nVersion) − _

  CLng(m_nECBlockCount(nECLevel，nVersion)) _

    * CLng(m_nECCodewordPerBlock(nECLevel，nVersion))

If nEncodedBitCount − 4 <= nAvaliableDataCodewordCount * 8& Then _

        Exit Do

Next nVersion

nEncodedBitCount = pEncodeToBitArray(bEncodedBit，bIn，nSize，10，True)

3. 数据编码

For i = 0 To nAvaliableDataCodewordCount * 8& − nEncodedBitCount

  j = i And &HF&

  bEncodedBit(nEncodedBitCount + i) =(j <= 2 Or j = 4 Or j = 5 Or j = 11 Or j = 15) And 1&

  Next i

4. 纠错码计算

If(nDataCodewordPerBlock > 0 And nECCodewordPerBlock > 0 _

  And nDataCodewordPerBlock + nECCodewordPerBlock < 2 ^ 10) Then

  m_nDataCount = nDataCodewordPerBlock

  m_nChecksumCount = nECCodewordPerBlock

  m_nPrimitiveRoot = 2

  Erase m_nGeneratorPolynomial

  m_nGeneratorPolynomial(0) = 1

  m_nGeneratorPolynomial(1) = 1

  t = 1

  For i = 2 To nECCodewordPerBlock

    t = MultiplyLUT(t，2)

    m_nGeneratorPolynomial(i) = 1

    For j = i − 1 To 1 Step −1

      m_nGeneratorPolynomial(j) = m_nGeneratorPolynomial(j − 1) _

        Xor MultiplyLUT(m_nGeneratorPolynomial(j)，t)

    Next j

    m_nGeneratorPolynomial(0)=MultiplyLUT(m_nGeneratorPolynomial(0），t)

  Next i

End If

```
lp = 0
For i = 0 To nECBlockCount − 1
    nPolynomial(nDataCodewordPerBlock + nECCodewordPerBlock − 1)= 0
    lp2 = i
    For j = 0 To nDataCodewordPerBlock − 1
    If i < nSmallBlockCount And j = nDataCodewordPerBlock − 1 Then Exit For
    kk = 0
    For k = 0 To 7
        bb = bEncodedBit(lp * 8 + k)
        bInterleavedBit(lp2 * 8 + k)= bb
        kk = kk Or(m_nPowerOfTwo(7 − k) And bb <> 0)
    Next k
    nPolynomial(nDataCodewordPerBlock + nECCodewordPerBlock + _
        (i < nSmallBlockCount) − j − 1)= kk
    lp = lp + 1
    lp2 = lp2 + nECBlockCount
    If i >= nSmallBlockCount And j = nDataCodewordPerBlock − 2 Then _
        lp2 = lp2 − nSmallBlockCount
    Next j
```

5. 矩阵信息构造

```
Do
    '向上
    ii = i − 2
    If ii < 6 Then ii = ii − 1
    For j = nModuleSize − 1 To 0 Step −1
        If b(ii + 1, j) = 0 Then
            b2(ii + 1, j) = bInterleavedBit(lp)
            lp = lp + 1
            If lp >= nDataCodewordCount * 8& Then Exit Do
        End If
        If b(ii, j) = 0 Then
            b2(ii, j) = bInterleavedBit(lp)
            lp = lp + 1
            If lp >= nDataCodewordCount * 8& Then Exit Do
        End If
    Next j
```

```
'向下
i = i − 4
ii = i
If ii < 6 Then ii = ii − 1
For j = 0 To nModuleSize − 1
    If b(ii + 1，j) = 0 Then
        b2(ii + 1，j) = bInterleavedBit(lp)
        lp = lp + 1
        If lp >= nDataCodewordCount * 8& Then Exit Do
    End If
    If b(ii，j) = 0 Then
        b2(ii，j) = bInterleavedBit(lp)
        lp = lp + 1
        If lp >= nDataCodewordCount * 8& Then Exit Do
    End If
Next j
```

6. 计算版本信息

```
If nVersion >= 7 Then
    kk =(nVersion * 4096&) Or pGF2PolynomialDivide(nVersion，7973，4096，12)
    For i = 0 To 5
        For j = 0 To 2
            bb =(kk And m_nPowerOfTwo(i * 3 + j)) <> 0 And 1&
            b(i，nModuleSize − 11 + j) = bb
            b(nModuleSize − 11 + j，i) = bb
        Next j
    Next i
End If
```

7. 图案绘制

```
Set Encode = ByteArrayToPicture(VarPtr(b(0，0))，nModuleSize + 3，nModuleSize _
    + 3，4，4，1，1)
End Function
```

第三章 射频识别技术（RFID）应用技术

第一节 RFID基础

一、什么是RFID

RFID是射频识别技术英文Radio Frequency Identification的缩写，是20世纪90年代开始兴起的一种非接触式的自动识别技术，它利用射频信号及其空间耦合的传输特性自动识别目标对象并获取相关数据。

射频识别常称为感应式电子芯片或近接卡、感应卡、非接触卡、电子标签、电子条形码等。RFID通过射频信号识别工作，无须人工干预，可工作于各种恶劣环境。实现了对静止或移动物品的无接触信息传递，并通过所传递的信息达到自动识别目的。RFID技术可识别高速运动物体并可同时识别多个标签，操作快捷方便。

二、RFID的发展

RFID技术起源于第二次世界大战时期的飞机雷达探测技术。"二战"期间（1939年9月1日~1945年9月2日），英军为了区别盟军和德军的飞机，在盟军的飞机上装备了一个无线电收发器。战斗中控制塔上的探询器向空中的飞机发射一个询问信号，当飞机上的收发器接收到这个信号后，回传一个信号给探询器，探询器根据接收到的回传信号来识别是否己方飞机。这一技术至今还在商业和私人航空控制系统中使用。

雷达的改进和应用催生了RFID技术。1945年，Leon Theremin发明了第一个基于RFID技术的间谍用装置。1948年，哈里斯托克曼（Harry StocKMan）发表的论文《利用反射功率的通信》奠定了射频识别的理论基础。20世纪50年代是RFID技术研究和应用的探索阶段，远距离信号转发器的发明扩大了敌我识别系统的识别范围。从技术发展的角度来看，RFID技术的发展可按10年期划分。

1941~1950年：雷达的改进和应用催生了射频识别技术，1948年奠定了射频识别技术的理论基础。

1951~1960年：早期射频识别技术的探索阶段，主要处于实验室实验研究。

1961~1970年：射频识别技术的理论得到了发展，开始了一些应用尝试。

1971~1980年：射频识别技术与产品研发处于一个大发展时期，各种射频识别技术测试得到加速。出现了一些最早的射频识别应用。

1981~1990年：射频识别技术及产品进入商业应用阶段，各种规模应用开始出现。

1991~2000年：射频识别产品得到广泛采用，射频识别产品逐渐成为人们生活中的一部分。

2001年后：标准化问题日趋为人们所重视，射频识别产品种类更加丰富，有源电子标签、无源电子标签及半无源电子标签均得到发展，电子标签成本不断降低，规模应用行业扩大。

至今，射频识别技术的理论得到丰富和完善。单芯片电子标签、多个电子标签识读、无线可读可写、无源电子标签的远距离识别、适应高速移动物体的射频识别技术与产品正在成为现实并走向应用。在1991年，美国奥克拉荷马州出现了世界上第一个开放式公路自动收费系统（注意观察：国内的公路ETC系统）。近几年来，随着自动收费、门禁、身份卡片等的应用，RFID技术已经走入了人们的生活。目前RFID技术应用已经处于全面推广的阶段。特别是对于IT业而言，RFID技术被视为IT业的下一个"金矿"。各大软硬件厂商包括IBM、Motorola、Philips、TI、Microsoft、Oracle、Sun、BEA、SAP等在内的各家企业都对RFID技术及其应用表现出了浓厚的兴趣，相继投入大量研发经费，推出了各自的软件或硬件产品及系统应用解决方案。在应用领域，以Wal-Mart，UPS，Gillette等为代表的众多企业已经开始全面使用RFID技术对业务系统进行改造，以提高企业的工作效率、管理水平，并为客户提供各种增值服务。

三、RFID系统构成

从端到端的角度来看，如图3-1所示RFID系统由读写器天线（Antena）、读写器（Reader and Writer）和电子标签又称为射频标签（TAG）三大组件构成，而RFID的应用系统常常还包括传感器/执行器/报警器、控制器、主机和软件系统、通信设施等部分。

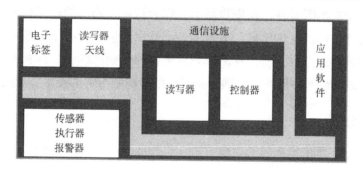

图3-1　从端到端看RFID系统构成

若从功能实现的角度观察，可将RFID系统分成边沿系统和软件系统两大部分，如图3-2所示。这种观点同现代信息技术观点相吻合。边沿系统主要是完成信息感知，属于硬件组件部分；软件系统完成信息的处理和应用；通信设施负责整个RFID系统的信息传递。

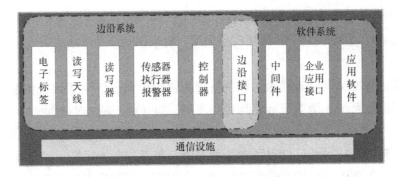

图3-2　从功能实现看RFID系统构成

其工作原理是：阅读器通过天线发射一特定频率的无线电波能量给标签，用以驱动标签电路将内部的数据送出，此时阅读器便依序接收解读数据，送给应用程序做相应的处理。电子标签进入阅读器磁场后，接收阅读器发出射频信号，以某一频率的信号发送出存储在芯片中的信息，阅读器读取信息并解码后，送至中央信息系统进行有关数据处理。在实际应用中，可进一步通过互联网或WLAN等实现对物体识别信息的采集、处理及远程传送等管理功能。应答器是RFID系统的信息载体，目前应答器大多是由耦合原件（线圈、微带天线等）和微芯片组成无源单元。

天线同阅读器相连，用于在标签和阅读器之间传递射频信号。阅读器可以连接一个或多个天线，但每次使用时只能激活一个天线。RFID系统的工作频率从低频到微波，这使得天线与标签芯片之间的匹配问题变得很复杂。

电子标签也称应答器，是一个微型的无线收发装置，由耦合元件、芯片及微型天线组成，每个标签内部存有唯一的电子编码，常以此作为待识别物品的标识性信息，电子标签内存有一定格式的电子数据，高容量电子标签有用户可写入的存储空间。

应用中将电子标签附着在待识别物品上，作为待识别物品的电子标记。阅读器与电子标签可按约定的通信协议互传信息，通常的情况是由阅读器向电子标签发送命令，电子标签根据收到的阅读器的命令，将内存的标识性数据回传给阅读器。这种通信是在无接触方式下，利用交变磁场或电磁场的空间耦合及射频信号调制与解调技术实现的。

四、RFID的分类

对于RFID技术，可依据标签的供电方式、工作频率、可读性和工作方式进行分类。

（一）按供电方式分类

常见电子标签如图3-3所示。虽然它的电能消耗非常低，一般是百万分之一毫瓦级别，但是在实际应用中，必须供电后才能工作。根据电子标签内部是否需要加装电池及电池供电的作用，将电子标签分为有源标签（Active Tag）、无源标签（Passive Tag）和半无源标签（Semi-passive Tag）三种类型。

图3-3　常见电子标签

1.有源标签

有源标签中带有电源，通过标签自带的内部电池进行供电，它的电能充足，工作可靠性高，信号传送的距离远。有源标签接收发送数据的工作电源完全由内部电池供给，主动发送某一频率的信号同时标签电池的能量供应也部分地转换为标签与阅读器通信所需的射频能量。有源式标签可以通过设计电池的不同寿命对标签的使用时间或使用次数进行限制，它可以用在需要限制数据传输量或者使用数据有限制的地方。有源式标签的缺点主要是价格高、体积大，有源标签的寿命受到电池寿命的限制，而且随着标签内电池电力的消耗，数据传输的距离会越来越小，影响系统的正常工作。在不可以更换电池的应用条件下，电池用尽后就只得废弃标签。

2.无源标签

无源标签的内部不带电池，需靠外界提供能量才能正常工作。无源标签典型的产生电能的装置是天线与线圈。在阅读器（或称读卡器）的阅读范围之外时，标签处于无源状态；当标签进入系统的工作区域，即在阅读器的阅读范围之内时，标签从阅读器发出的射频能量中获得工作所需的电能。天线接收到特定的电磁波，线圈就会产生感应电流，再经过整流并给电容充电，电容电压经过稳压后作为工作电压。无源标签可以通过变压器、电磁波的吸收或者反射得到能量。无源式标签具有永久的使用期，常常用在标签信息需要每天读写或频繁读写多次的地方，而且无源式标签支持长时间的数据传输和永久性的数据存储。价格、体积、易用性决定了它是电子标签的主流。无源式标签的缺点主要是数据传输的距离要比有源式标签短。因为无源式标签依靠外部的电磁感应而供电，它的电能就比较弱，数据传输的距离和信号强度就受到限制，需要敏感性比较高的信号接收器才能可靠识读。

3.半无源标签

半无源标签内装有电池，但电池仅对标签内要求供电维持数据的电路或标签芯片工作所需的电压作辅助支持，如弥补标签所处位置的射频场强不足，标签内部电池的能量并不转换为射频能量，用于传输通信的射频能量与无源标签一样源自阅读器，标签电路本身耗电很少。有时标签中利用电池保持存储器中的数据，但不用电池的能量接收和发送数据，这种标签仍被认为是无源标签。标签未进入工作状态前，一直处于休眠状态，相当于无源标签。标签进入阅读器的阅读范围时，受到阅读器发出的射频能量的激励，进入工作状态，标签与阅读器之间信息交换的能量支持以阅读器供应的射频能量为主（反射调制方式），同样半有源标签的寿命受到电池寿命的限制，但是标签内部电池能量消耗很少，因而电池可维持几年，甚至长达10年有效。

（二）按工作频率分类

从应用概念来说，RFID的工作频率也就是射频识别系统的工作频率，是其最重要的特点之一。RFID的工作频率不仅决定着射频识别系统工作原理（电感耦合还是电磁耦合）、识别距离，还决定着RFID及读写器实现的难易程度和设备的成本。工作在不同频段或频点上的电子标签具有不同的特点。RFID的应用占据的频段或频点在国际上有公认的划分，即位于ISM波段。图3-4中标识了电子标签工作频率在频谱中所占的范围。

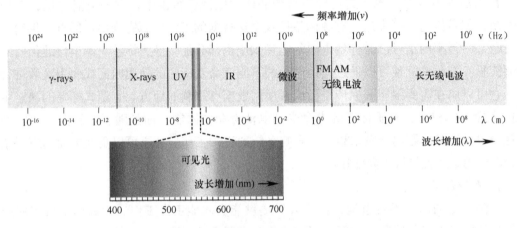

图3-4　RFID频率分布在频谱中的位置

根据工作频率分为低频LF、中高频HF和超高频UHF三类。频率分布情况如图3-5所示。

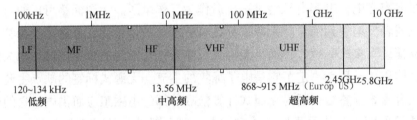

图3-5　频率分布情况

1.低频标签

低频标签，其工作频率范围为30kHz~300kHz。典型工作频率有125kHz和133kHz，也有与之接近的其他频率的，如TI公司使用134.2kHz。低频标签一般为无源标签，其工作能量通过电感耦合方式从阅读器耦合线圈的辐射近场中获得。低频标签与阅读器之间传送数据时，低频标签需位于阅读器天线辐射的近场区内。低频标签的阅读距离一般情况下小于1m。

低频标签比超高频标签便宜，节省能量，穿透废金属物体力强，工作频率不受无线电频率管制约束，最适合用于含水成分较高的物体，例如水果等；低频标签的典型应用有动物识别、容器识别、工具识别、电子闭锁防盗（带有内置应答器的汽车钥匙）等。

2. 中高频标签

中高频段射频标签的工作频率一般为3MHz~30MHz。典型工作频率为13.56MHz。一方面，该频段的射频标签，因其工作原理与低频标签完全相同，即采用电感耦合方式工作，所以宜将其归为低频标签类中。另一方面，根据无线电频率的一般划分，其工作频段又称为高频，所以也常将其称为高频标签。鉴于该频段的射频标签可能是实际应用中最大量的一种射频标签，因而只要将高、低理解成为一个相对的概念，就不会造成理解上的混乱。为了便于叙述，人们将其称为中频射频标签。中频标签一般也以无源为主，其工作能量同低频标签一样，也是通过电感（磁）耦合方式从阅读器耦合线圈的辐射近场中获得。标签与阅读器进行数据交换时，标签必须位于阅读器天线辐射的近场区内。

中频标签的阅读距离一般情况下也小于1m。中高频标签属中短距识别，读写速度也居中，产品价格也相对便宜，比如应用在电子票证一卡通上。中频标签由于可方便地做成卡状，广泛应用于电子车票、电子身份证、电子闭锁防盗（电子遥控门锁控制器）、小区物业管理、大厦门禁系统等。

3. 超高频标签

超高频（微波频段）的射频标签简称为微波射频标签，其典型工作频率有433.92MHz、862（902）MHz~928MHz、2.45GHz、5.8GHz。超高频射频标签可分为有源标签与无源标签两类。工作时，射频标签位于阅读器天线辐射场的远区场内，标签与阅读器之间的耦合方式为电磁耦合方式。阅读器天线辐射场为无源标签提供射频能量，将有源标签唤醒。

超高频标签的射频识别系统阅读距离一般大于1m，典型情况为4~6m，最大可达10m以上。阅读器天线一般均为定向天线，只有在阅读器天线定向波束范围内的射频标签可被读写。超高频标签主要用于铁路车辆自动识别、集装箱识别，还可用于公路车辆识别与自动收费系统中。超高频作用范围广，传送数据速度快，但是比较耗能，穿透力较弱，作业区域不能有太多干扰，适用于监测港口、仓储等物流领域的物品。

射频标签的工作频率不仅决定着射频识别系统工作原理是电感耦合还是电磁耦合以及识别距离，还决定着射频标签及阅读器实现的难易程度和设备成本。

（三）按可读写性分类

根据射频标签内部使用的存储器类型的不同可分成三种：只读标签（Read Only，简称RO）、一次写入多次读出标签（Write Once Read Many，简称WORM）和可读可写标签（Read and Write，简称RW）。

1. 只读标签

只读标签内部有只读存储器（Read Only Memory，简称ROM）、随机存储器（Random Access Memory，简称RAM）和缓冲存储器。ROM用于存储发射器操作系统程序和安全性要求较高的数据，它与内部的处理器或逻辑处理单元完成内部的操作控制功能，如响应延迟时间控制、数据流控制、电源开关控制等。另外，ROM中还存储有标签的标识信息，在电子标签芯片的生产过程中，将标签信息写入芯片的ROM中，使得每一个电子标签拥有一个唯一的标识UID（如96bit）。这种信息可以简单地代表二进制中的0、1，也可以像二维条形码那样，包含复杂的相当丰富的信息。应用过程中，电子标签具有只读功能。只读标签一般容量较小，可以用作标识标签。只读标签中的RAM用于存储标签反应和数据传输过程中临时产生的数据。用于暂时存储调制后等待天线发送的信息。

RO标签需再建立标识UID与待识别物品的标识信息之间的对应关系（如车牌号）。一个数字或者多个数字、字母、字符串存储在标签中，这个储存内容是进入信息管理系统中数据库的钥匙。标签中存储的只是标识号码，用于对特定的标识项目，如人、物、地点进行标识，关于被标识项目的详细的特定的信息，只能在与系统相连接的数据库中进行查找。RO标签存有一个唯一的号码ID，不能修改，这样提供了安全性。

2. 一次写入多次读出标签

一次写入多次读出标签在开始使用时由使用者根据特定的应用目的写入特殊的编码信息，标签信息的写入由专用的初始化设备完成。但这种信息只能是一次写入，多次读出。这类WORM标签一般大量用在一次性使用的场合，如航空行李标签、特殊身份证件标签等。

WORM标签比RW标签便宜，RO标签最便宜。WORM标签是用户可以一次性写入的标签，写入后数据不能改变。

3. 可读可写标签

可读可写标签内部的存储器除了ROM、RAM和缓冲存储器之外，还有非易失可编程记忆存储器。非易失可编程记忆存储器有许多种，电可擦除可编程只读存储器（EEPROM）是其中比较常见的一种。这种存储器在加电的情况下，可以实现对原有数据的擦除以及数据的重新写入。可读可写存储器的容量根据标签的种类和执行的标准存在较大的差异。可读写标签一般存储的数据比较大，这种标签一般都是用户可编程的，标签中除了存储标识码外，还存储有大量的被标识项目其他的相关信息，如生产信息、防伪校验码等。在读标签的过程中，可以根据特定的应用目的控制数据的读出，实现在不同的情况下读出的数据部分不同。

RW标签关于被标识项目的所有的信息都是存储在标签中的，读标签就可以得到关于被标识目标的大部分信息，而不再必须连接到数据库进行信息读取。数据库往往使用在数据存储于校验等过程中。RW标签用在电话卡、信用卡等上。

应用中，一般电子标签的ROM区存放有厂商代码和无重复的序列码，每个厂商的代码是固定和不同的，每个厂商的每个产品的序列码肯定不同，所以电子标签都有唯一码，没有可仿制性。

（四）按工作方式分类

根据标签的数据调制方式分为主动式、被动式和半主动式三种类型。一般来讲，无源系统为被动式，有源系统为主动式，半有源系统为半主动式。

1. 主动式标签

主动式射频系统用自身的射频能量主动发送数据给阅读器，调制方式可为调幅、调频或调相，主动标签系统是单向的，也就是说，只有标签向阅读器不断传送信息，而阅读器对标签的信息只是被动地接收，就像电台和收音机的关系。

在有障碍物的情况下，采用调制散射方式，阅读器的能量必须来去穿过障碍物两次。而主动方式的射频标签发射的信号仅穿过障碍物一次，因此主动方式工作的射频标签主要用于有障碍物的应用中，距离更远，速度更快。被动式标签内部不带电池，要靠外界提供能量才能正常工作。

2. 被动式标签

被动式射频系统使用调制散射方式发射数据，它必须利用阅读器的载波来调制自己的信号，在门禁或交通的应用中比较适宜，因为阅读器可以确保只激活一定范围之内的射频系统。被动式标签典型的产生电能的装置是天线与线圈，当标签进入系统的工作区域，天线接收到特定的电磁波，线圈就会产生感应电流，在经过整流电路时，激活电路上的微型开关，给标签供电。

被动式标签具有永久的使用期，常常用在标签信息需要每天读写或频繁读写的地方，而且被动式标签支持长时间的数据传输和永久性的数据存储。被动式标签依靠外部的电磁感应而供电，它的电能就比较弱，数据传输的距离和信号强度就受到限制，需要敏感性比较高的信号接收器（阅读器）才能可靠识读，因此数据传输的距离要比主动式标签小。

3. 半主动式标签

半主动射频系统也称为电池支援式反向散射调制系统。半主动标签本身也带有电池，只起到对标签内部数字电路供电的作用，但是标签并不通过自身能量主动发送数据，只有被阅读器的能量场"激活"时，才通过反向散射调制方式传送自身的数据。一般所见的有源系统都是半有源系统。

（五）按能量感应方式分类

以RFID卡片阅读器及电子标签之间的通信及能量感应方式来看，分成电容感应耦合及电磁反向散射耦合两种，一般低频的RFID大都采用电容感应耦合方式，而较高频的RFID大多采用电磁反向散射耦合方式。

（六）按通信工作时序分类

时序指的是阅读器和标签的工作次序问题，根据RFID系统标签和阅读器之间的通信工作时序可以分成阅读器主动唤醒标签（Reader Talk First，简称RTF）和标签首先自报家门（Tag Talk First，简称TTF）的方式。对于无源标签来讲，一般采用RTF方式。和RTF相比，TTF系统通信协议比较简单，防冲撞能力更强，速度更快。但是TTF也会带来一些诸如性能不够稳定、数据读取与写入误码率较高等不良后果。这也可能是主流RFID厂商大多采用RTF的原因所在。

五、电子标签组成及原理

电子标签由芯片（IC）、微型天线、耦合元件组成。通过天线，芯片可以接收和传输信号，如商品的身份数据信息。标签靠其天线获得能量，并由芯片控制接收、发送数据。电子标签又称为智能标签、应答器等。

（一）电子标签用芯片

如图3-6所示，芯片的内部由以下几个部分组成。

（1）AC/DC电路。把由卡片阅读器送过来的射频讯号转换成DC电源，并经大电容储存能量，再经稳压电路以提供稳定的电源。

（2）调制电路。逻辑控制电路送出的数据经调制电路调制后加载到天线返给阅读器。数据通信领域，数据传递有同步和异步之分，在RFID系统中，码流结构也要适应信道特性的要求，码流结构化过程称为信道编码。对于RFID系统，信道编码必须对用户透明，现在有各种不同的信道编码方法，其特点也不尽相同。为了通过空间有效传递数据，要求将数据调制在载波上，这一过程称为调制。常用的调制方法有ASK、FSK和PSK。

（3）解调电路。把载波去除以取出真正的调制信号。

（4）逻辑控制电路。译码阅读器发送过来信号，并依其要求回送数据给阅读器。

（5）存储单元。系统运作及存放识别数据的位置，包括EEPROM和ROM等。MCRF355/360的存储器数据可以托付生产厂在出厂前编程好，也可以在现场用接触式编程器编程。

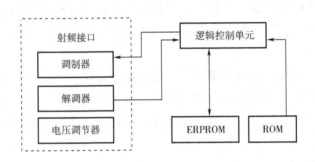

图3-6　芯片工作原理

近年来由于技术的进步，可以将小规模的微芯片做得很小；然而，一个标签的物理尺寸不仅取决于它的芯片的大小，还与其天线有关。

（二）微型天线和耦合元件

标签天线用于接收读写器的射频能量和相关的指令信息，发射所要求的带有标签信息的反射信号。标签天线是电子标签与读写器的空中接口，不管是何种电子标签，读写设备均少不了天线或耦合线圈。电子标签具有各种各样的形状，但不是任意形状都能满足阅读距离及工作频率的要求，必需根据系统的工作原理，即磁场耦合还是电磁场耦合，设计合适的天线外形及尺寸。标签芯片即相当于一个具有无线收发功能再加存储功能的单片系统（SoC）。

RFID标签天线有两种形式：线绕电感天线，在介质基板上压印或印刷刻腐的盘旋状天线。对应的IC贴接也有两种基本方法。第一种是使用板上芯片（COB）用于线绕天线；将谐振电容和RFID IC一起封装在同一个管壳中，天线则用烙铁或熔焊工艺连接在COB的两个外接端子上。由于大多数COB用于ISO卡，一种符合ISO标准厚度规格的卡，因此COB的典型厚度约为0.4mm。两种常见的COB封装形式是IST采用的IOA2（MOA2）和美国HEI公司采用的World II。第二种是裸芯片直接贴接在天线上用于刻蚀天线。裸芯片直接贴接减少了中间步骤，广泛地用于低成本和大批量应用。直接贴接也有引线焊接与倒装工艺两种方法可供选择。微芯片与天线连接点是标签最薄弱的地方，容易受损，使标签失效。

天线形式由载波频率、标签封装形式、性能和组装成本等因素决定。无线RFID标签的性能受标签大小、调制形式、电路Q值、器件功耗以及调制深度的极大影响。下面简要地介绍它的工作原理。

RFID IC内部备有一个154位存储器，用以存储标签数据。IC内部还有一个通导电阻极低的调制门控管（CMOS），以一定频率工作。当读卡器发射电磁波，使标签天线电感式电压达到Vpp时，器件工作，以曼彻斯特格式将数据发送回去。

数据发送是通过调谐与去调谐外部谐振回路来完成的。具体过程如下：当数据为逻辑高电平时，门控管截止，将调谐电路调谐于读卡器的截波频率，这就是调谐状态，感应电压达到最大值。如此进行，调谐与去调谐在标签线圈上产生一个幅度调制信号，读卡器检测电压波形包络，就能重构来自标签的数据信号。

门控管开关频率为70kHz，完成全部154位数据约需2.2ms。在发送完全部数据后，器件进入100ms的休眠模式。当一个标签进入休眠模式时，读卡器可以去读取其他标签的数据，不会产生任何数据冲突。当然，这个功能受到下列因素的影响：标签至读卡器的距离、两者的方位、标签的移动以及标签的空间分布。

MCRF355/360是Microchip公司生产的13.56MHz器件。355既可用于COB，也可用于直接贴接，图3-7示出了器件的连接方法。图3-7（a）为芯片的引脚图。该系列芯片有8个引脚，电源2个，编程2个，连接天线3个，另外2个未定义。图3-7（b）外接2个电感和1个电容，图3-7（c）外接1个电感和2个电容。

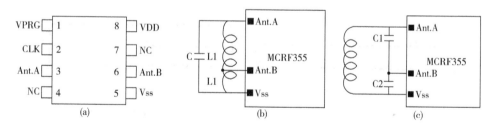

图3-7　MCRF355的引脚和接线图

图3-8是MCRF360连接方法，由于它内部有一个电容，所以只需外接2个电感就可以了。该器件近乎以100%调制发送数据，调制深度决定了标签的线圈电压从"高"至"低"的变化，亦即区分调谐状态和去调谐状态。

为了达到设计的性能，标签应准确地调谐在读卡器的载波频率。然而使用的元件总会有偏差的，引起读数距离的变化。电感的误差可控制在1%~2%以内，因此读数距离

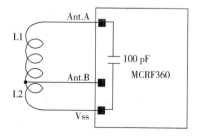

图3-8　MCRF360的引脚和接线图

主要由电容误差引起。外接电容的误差应在5%以内，Q值大于100。MCRF360的内部电容是用氧化硅制作的，同一硅片上的误差在5%以内，而不同批次的误差在10%左右。例如，频率小于400kHz时需要mH级电感量，这类天线只能用线绕电感制作；频率在4MHz~30MHz时，仅需几圈线绕电感就可以，或使用介质基板上的刻腐天线。

标签天线设计与标签相关，天线长度与标签波长成正比。一个偶极子天线由直线电导体组成，如图3-9所示，总长度是半个波长。如图3-10所示，双偶极子天线是由两个偶极子组成，大大降低了标签的敏感性。因此，读写器可以在不同的标签环境下读标签。如图3-11所示，叠偶极子天线由两个或两个以上的直电导体并联在一起构成，每导体半个波长长。当两个导体折叠时称为2线折叠偶极子天线，由三个导体折叠的偶极子称为3线折叠偶极子天线。

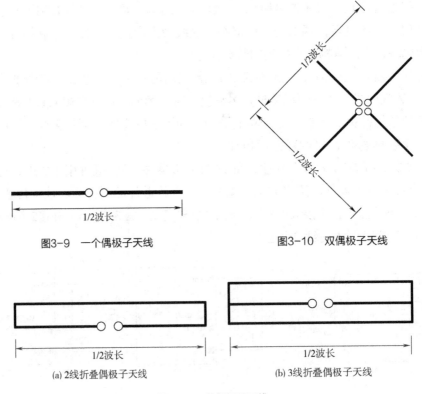

图3-9　一个偶极子天线

图3-10　双偶极子天线

(a) 2线折叠偶极子天线

(b) 3线折叠偶极子天线

图3-11　叠偶极子天线

标签天线长度远超过芯片大小，天线尺寸决定了标签的物理尺寸。天线设计基于以下因素：标签与读写器之间的距离、标签与读写器之间的方位和角度、产品类型、标签的运动速度、读写器天线极化类型。

目前，标签天线是采用薄带的金属（如铜、银或铝）构成。然而，在未来，有可能会直接使用导电油墨、碳或铜镍将天线印刷在标签标识、容器、产品的包装上。能否将这种印刷技术用于微芯片，则正在研究中。未来这些先进的技术可能使制作一个RFID电子标签就像用计算机打印一个条形码和物品的包装条一样容易。这样，RFID标签价格可能会大幅下降。

六、读写器组成及原理

（一）什么是读写器

读写器（Reader and Writer）是捕捉和处理RFID标签数据的设备，同时负责与主机接口，通过计算机软件来读取或写入标签内的数据信息，可以是单独的个体，也可以嵌入其他系统之中。由于它能够读取RFID标签中的数据和把数据写入RFID标签中，因此称读写器。读写器有如图3-12所示的固定式或如图3-12所示的手持式。

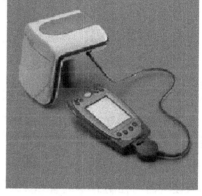

图3-12　固定式读写器　　　　　　　　　图3-13　手持式读卡器

（二）读写器的组成

读写器是RFID系统最重要也是最复杂的一个组件，是RFID系统信息控制和处理中心。读写器根据使用的结构和技术不同，可以是读或读/写装置，其工作模式一般是主动向标签询问标识信息。由于标签是非接触式的，因此必须借助读写器来实现标签和应用系统之间的数据通信。射频标签读写设备根据具体实现功能的特点也有一些其他较为流行的别称，如阅读器（Reader）、查询器（Interrogator）、通信器（Communicator）、扫描器（Scanner）、读写器（Reader and Writer）、编程器（Programmer）、读出装置（Readout Device）、便携式读出器（Portable Readout Device）、AEI设备（Automatic Equipment Identification Device）等。如图3-14所示读写器的硬件部分通常由收发机、微处理器、存储器、外部传感器/执行器/报警器的输入/输出接口、通信接口，以及电源等部件组成。

1. 收发机

收发机含发射机和接收机两个部分，通常由收发模块组成，收发模块同天线模块相连接。目前，有的读写器收发模块可以同时连接4个天线。微处理器是实现读写器和电子标签之间通信协议的部件，同时完成接收数据信号的译码和数据纠错功能。另外，微处理器还有低级数据滤波和处理逻辑功能。

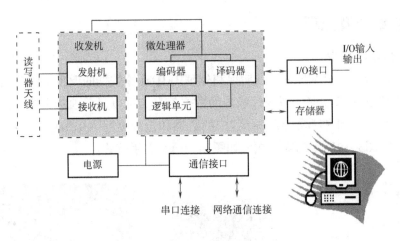

图3-14 读写器的硬件

2. 外部传感器/执行器/报警器的输入/输出接口

为了降低能耗，读写器不能始终处于开启状态。因此，读写器需要一个能够在工作周期内开启和关闭读写器的控制机制。输入/输出端口提供了这种机制，使读写器依靠外部事件开启和关闭读写器工作。存储器用于存储读写器的配置参数和阅读标签的列表。因此，如果读写器与控制器/软件系统之间的通信中断，所有阅读标签数据会丢失。

3. 通信接口

通信接口为读写器和外部实体提供通信指令，通过控制器传输数据和接收指令并做出响应。一般通信接口可以根据通信要求分为串行通信接口和网络接口。

①串行通信接口是目前读写器普遍的接口方式。读写器同计算机通过串行端口RS-232或RS-485连接。因此，串行通信被推荐为RFID最小系统的首选方式。

②网络通信接口通过有线或无线方式连接网络读写器和主机。随着物联网技术的应用推广，网络通信接口将作为一个标准逐渐成为主流。网络读写器可以根据应用系统的要求自动发现读取目标，嵌入式服务器允许读写器接收命令，并通过标准浏览器显示读取结果。

4. 读写器天线

天线是一种以电磁波形式把前端射频信号功率接收或辐射出去的设备，是电路与空间的界面器件，用来实现导行波与自由空间波能量的转化。在RFID系统中，天线分为电子标签天线和读写器天线两大类，分别承担接收能量和发射能量的作用。在确定的工作频率和带宽条件下，天线发射射频载波，并接收从标签反射回来的射频载波。RFID读写器天线的增益和阻抗特性会对RFID系统的作用距离等产生影响，RFID系统的工作频段反过来对天线尺寸以及辐射损耗有一定要求。所以RFID天线设计的好坏影响到整个RFID系统的成功与否。

通信设施为不同的RFID系统管理提供安全通信连接，是RFID系统的重要组成部分。通信设施包括有线、无线网络及读写器、控制器和计算机连接的串行通信接口。无线网络可以是个域网（PAN），如蓝牙技术；局域网，如802.11x、WiFi；广域网，如GPRS、3G技术；卫星通信网络，如同步轨道卫星L波段的RFID系统。

读写器本身从电路实现角度来说，也可划分为射频模块（射频通道）与基带模块两大部分。射频模块实现的任务主要有两项，第一项是实现将读写器欲发往射频标签的命令调制（装载）到射频信号（也称为读写器/射频标签的射频工作频率）上，经由发射天线发送出去。发送出去的射频信号（可能包含有传向标签的命令信息）经过空间传送（照射）到射频标签上，射频标签对照射在其上的射频信号作出响应，形成返回读写器天线的反射回波信号。射频模块的第二项任务即是实现将射频标签返回到读写器的回波信号进行必要的加工处理，并从中解调（卸载）提取出射频标签回送的数据。基带模块实现的任务也包含两项，第一项是将读写器智能单元（通常为计算机单元CPU或MPU）发出的命令加工、编码，实现为便于调制到射频信号上的编码调制信号。第二项任务即是实现对经过射频模块解调处理的标签回送数据信号进行必要的处理（包含解码），并将处理后的结果送入读写器智能单元。

（三）读写器的工作方式

在RFID系统中，RFID标签和读写器之间采用无线通信方式传递信息，其基本的通信方式有两种，第一种基于电磁耦合或者电感耦合，第二种基于电磁波的传播。RFID标签与读写器之间的耦合通过天线完成，这里的天线通常可以理解为电波传播的天线，有时也指电感耦合的天线。

1. 电感耦合

电感耦合工作方式对应于ISO/IEC14443协议。电容器C_0与阅读器的天线线圈并联，电容器与天线线圈的电感一起，形成谐振频率与阅读器发射频率相符的并联震荡回路，该回路的谐振使得阅读器的天线线圈产生较大的电流。电子标签的天线线圈和电容器C_1构成震荡回路，调谐到阅读器的发射频率。通过空间高频交变磁场实现耦合，依据的是电磁感应定律，回路谐振时电子标签线圈上的电压达到最大值。这两个线圈的结构可以被解释为变压器，即变压器的耦合，称为变压器模型。电感耦合方式一般适合于中、低频工作的近距离射频识别系统。典型的工作频率有125kHz、225kHz和13.56MHz。识别作用距离小于1m，典型作用距离为10~20cm。

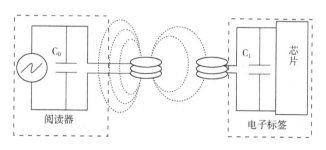

图3-15 电感耦合示意图

2. 电磁反向散射耦合

其是雷达原理模型，发射出去的电磁波，碰到目标后反射，同时携带回目标信息。

依据的是电磁波的空间传播规律，电磁波从天线向周围空间发射，到达目标的电磁波能量的一部分（自由空间衰减）被目标吸收，另一部分以不同的强度散射到各个方向上去。反射能量的一部分最终会返回发射天线，称其为回波。在雷达技术中，用这种反射波测量目标的距离和方位。电磁反向散射耦合方式一般适合于高频、微波工作的远距离射频识别系统。典型的工作频率有433MHz、915MHz、2.45GHz、5.8GHz。识别作用距离大于1m，典型作用距离为3~100m。

该RFID系统工作分为两个过程。第一，标签接收读写器发射的信号，其中包括已调制载波和未调制载波。当标签接收的信号没有被调制时，载波能量全部被转换为直流电压，该电压供给电子标签内部芯片能量；当载波携带数据或者命令时，标签通过接收电磁波作为自己的能量来源，并对接收信号进行处理，从而接收读写器的指令或数据。第二，标签向读写器返回信号时，读写器只向标签发送未调制载波，载波能量一部分被标签转化成直流电压，供给标签工作；另一部分能量被标签通过改变射频前端电路的阻抗调制并反射载波来向读写器传递信息。

从纯技术的角度来说，射频识别技术的核心在电子标签，阅读器是根据电子标签的设计而设计的。虽然，在射频识别系统中电子标签的价格远比阅读器低，但通常情况下，在应用中电子标签的数量是很大的，尤其是物流应用中，电子标签由可能是海量并且是一次性使用的，而阅读器的数量则相对要少得多。

数据在读写器和标签之间用无线方式传递，噪声、干扰以及失真与数据本身一样传递。与其他通信系统相似，技术上必须保证数据被正确传递和恢复。

七、RFID的技术标准

（一）技术标准组织

目前，RFID还未形成统一的全球化标准，市场为多种标准并存的局面。但随着全球物流行业RFID大规模应用的开始，如同条形码一样，射频识别技术的应用是全球性的，因而标准化工作就十分必要。国内RFID发展的当务之急是建立自己的标准，RFID标准的统一已经得到业界的广泛认同。但是目前状况是标准不统一，导致不同的RFID产品不能相互兼容，RFID技术在市场中并没有得到大规模的应用。

标准化有利于改进产品、过程和服务的适用性，防止贸易壁垒，促进技术合作。射频识别技术标准化的主要目的是通过制订、发布和实施标准，解决编码、通信、空中接口和数据共享等问题，促进RFID技术及相关系统的应用。

目前只有少数产业联盟制订了一些规范，现阶段还在不断演变中，标准组织分别代表了国际上不同团体或者国家的利益。国际上制订RFID标准的主要组织有国际标准化组织（ISO）、国际电工委员会（IEC）、国际电信联盟（ITU）、世界邮联（UPU），ISO/IEC JTC1负责制订与RFID技术相关的国际标准，ISO其他有关技术委员会也制订部分与RFID应用有关的标准。EPC Global是由北美UCC产品统一编码组织和欧洲EAN产品标准组织联合成立，在全球拥有上百家成员，得到了零售巨头沃尔玛，制造业巨头强生、宝洁等跨国公司的支持。而AIM、UID则代表了欧美国家和日本；IP-X的成员则以非洲、大洋洲、亚洲等国家为主。国家标准化机构（如BSI、ANSI、DIN）和产业联盟（如ATA、AIAG、EIA）等也制订与RFID相关的区域、国家、产业联盟标准，并通过不同的渠道提升为国际标准。

中国在RFID技术与应用的标准化研究工作已有一定基础，目前已经从多个方面开展了相关标准的研究制订工作。制订了《集成电路卡模块技术规范》《建设事业IC卡应用技术》等应用标准，并且得到了广泛应用。在频率规划方面，已经做了大量的试验；在技术标准方面，依据ISO/IEC 15693系列标准已经基本完成国家标准的起草工作，参照ISO/IEC18000系列标准制订国家标准的工作已列入国家标准制订计划。此外，中国RFID标准体系框架的研究工作也已基本完成。

（二）技术标准体系

由于RFID的应用牵涉到众多行业，因此其相关的标准非常复杂。从类别看，RFID标准可以分为以下四类：技术标准（如RFID技术、IC卡标准等）；数据内容与编码标准（如编码格式、语法标准等）；性能与一致性标准（如测试规范等）；应用标准（船运标签、产品包装标准等）。其中标签的数据内容编码标准和通信协议（通信接口）是争夺比较激烈的部分，也是RFID标准的核心。具体来讲，RFID标准体系主要包括由空中接口规范、物理特性、读写器协议、编码体系、测试规范、应用规范、数据管理、信息安全等标准。

RFID技术标准主要定义了不同频段的空中接口及相关参数，包括基本术语、物理参数、通信协议和相关设备等。例如，RFID中间件是RFID标签和应用程序之间的媒介，从应用程序端使用中间件所提供的一组应用程序接口（API），即能连接到RFID读写器，读取RFID标签数据。RFID中间件采用程序逻辑及存储再转送的功能来提供顺序的消息流，具有数据流设计与管理的能力。

RFID应用标准主要涉及特定领域或环境中RFID的构建规则，包括RFID在物流配送、仓储管理、交通运输、信息管理、动物识别、矿井安全、工业制造等领域的应用标准和规范。

RFID数据内容标准主要涉及数据协议、数据编码规则及语法，包括编码格式、语法标准、数据符号、数据对象、数据结构和数据安全等。RFID 数据内容标准能够支持多种编码格式。

RFID性能标准主要涉及设备性能及一致性测试方法，尤其是数据结构和数据内容（即编码格式及其内存分配），主要包括印刷质量、设计工艺、测试规范和试验流程等。

（三）RFID技术标准

1. ISO RFID标准

国际标准化组织（ISO）以及其他国际标准化机构如国际电工委员会（IEC）、国际电信联盟（ITU）等是RFID国际标准的主要制订机构。大部分RFID标准都是ISO（或与IEC联合组成）的技术委员会（TC）或分技术委员会（SC）制订的。ISO的RFID标准体系包括通用标准和应用标准两部分，通用标准提供了一个基本框架，应用标准是对它的补充和具体规定。各个标准体系如图3-16所示。

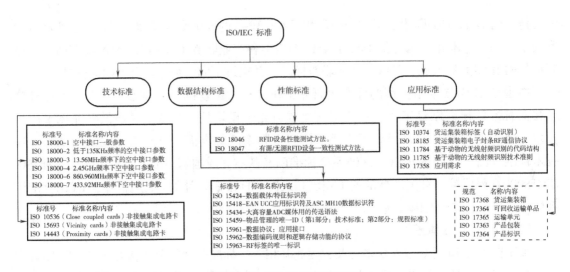

图3-16 ISO RFID标准体系

ISO/IEC联合工作组成立了SC31子委员会，负责所有基础性、通用性的标准，如技术标准ISO/IEC18000，数据标准ISO/IEC15961、ISO/IEC15962、ISO/IEC15963，性能测试标准ISO/IEC18046、ISO/IEC18047。

在应用标准方面，ISO把不同行业的应用标准交给其与应用相关的子委员会，如RF在供应链领域中的应用标准由ISO TC122/104联合工作组负责制订（ISO 17358、ISO 17363至ISO 17367）。RFID的应用标准是在RFID关于电子标签编码、空中接口协议、读写器通信协议等通用标准基础之上，针对不同使用对象，对于不同应用确定了使用条件、标签尺寸、标签位置、数据内容和格式、使用频段等方面的特定应用要求的具体规范，同时也包括数据的完整性、人工识别等其他一些要求。ISO技术委员会及联合工作组TC104/SC4主要处理有关ISO/IEC贸易应用方面的标准，如货运集装箱及包装，制定了RFID电子封条（ISO 18185）、集装箱标签（ISO 10374）和供应链标签（ISO 17363）等标准。ISO 17363与ISO 17364是物流容器识别的规范，它们还未被认定为标准。该系列内的每种规范都用于不同的包装等级，比如货盘、货箱、纸盒与个别物品。

2. EPC Global标准

EPC Global是由美国统一代码协会（UCC）和国际物品编码协会（EAN）于2003年9月共同成立的非营利性组织，前身是1999年10月1日在美国麻省理工学院成立的非营利性组织Auto-ID中心。Auto-ID中心以创建物联网为使命，与众多成员企业共同制订一个统一的开放技术标准。旗下有沃尔玛集团、英国Tesco等100多家欧美零售流通企业，同时有IBM、微软、飞利浦、Auto-ID Lab等公司提供技术研究支持。目前EPC Global已在加拿大、日本、中国等国建立了分支机构，专门负责EPC码段在这些国家的分配与管理、EPC相关技术标准的制订、EPC相关技术在本国宣传普及以及推广应用等工作。

2004年12月16日，非营利性标准化组织——EPC Global批准了向EPC Global成员和签订了EPC Global IP协议的单位免收专利费的空中接口新标准——EPC Gen2，这一标准是无线射频识别（RFID）技术、互联网和产品电子代码（EPC）组成的EPC Global网络的基础。

EPC Gen 2的获批对于RFID技术的应用和推广具有非常重要的意义，它为在供应链应用中使用的UHF RFID提供了全球统一的标准，给物流行业带来了革命性的变革，推动了供应链管理和物流管理向智能化方向发展。UHF第二代空中接口协议，是由全球60多家顶级公司开发并达成一致用于满足终端用户需求的标准，是在现有四个标签标准的基础上整合并发展而来的。这四个标准是：英国大不列颠科技集团（BTG）的ISO 180006A标准，美国Intermec科技公司（Intermec Technologies）的ISO 180006B标准，美国Matrics公司（近期被美国Symbol科技公司收购）的Class 0标准，Alien Technology公司的Class 1标准。

EPC Global Gen2协议标准的制订单位及其标准基础决定了其与第一代标准相比具有无可比拟的优越性，这一新标准具有全面的框架结构和较强的功能，能够在高密度读写器的环境中工作，符合全球管制条例，标签读取正确率较高，读取速度较快，安全性和隐私功能都有所加强。它克服了EPC global以前Class 0和Class 1的很多限制。这是一个开放的标准：EPC Global批准的EPC UHF Gen2标准对EPC Global成员和签订了EPC Global IP协议的单位免收专利费。

EPC Global除发布工业标准外，还负责EPC Global号码注册管理。EPC Global系统是一种基于EAN/UCC编码的系统。作为产品与服务流通过程信息的代码化表示，EAN/UCC编码具有一整套涵盖了贸易流通过程各种有形或无形的产品所需的全球唯一的标识代码，包括贸易项目、物流单元、位置、资产、服务关系等标识代码。EAN/UCC标识代码随着产品或服务的产生在流通源头建立，并伴随着该产品或服务的流动贯穿全过程。EAN/UCC标识代码是固定结构、无含义、全球唯一的全数字型代码。在EPC标签信息规范1.1中采用64~96位的电子产品编码；在EPC标签信息规范2.0中采用96~256位的电子产品编码。

EPC Global物联网体系架构由EPC编码、EPC标签及读写器、EPC中间件、ONS服务器和EPCIS服务器等部分构成。EPC赋予物品唯一的电子编码，其位长通常为64bit或96bit，也可扩展为256bit。对不同的应用规定有不同的编码格式，主要存放企业代码、商品代码和序列号。最新的Gen2标准的EPC编码可兼容多种编码，保证了各厂商产品的兼容性。

3. 日本UID标准

T-引擎论坛（T-Engine Forum）是主导日本RFID标准研究与应用的组织，T-引擎论坛下属的泛在识别中心（Ubiquitous ID Center，简称UID）成立于2002年12月，具体负责研究和推广自动识别的核心技术，即在所有的物品上植入微型芯片，组建网络进行通信。在T-引擎论坛领导下，泛在识别中心于2003年3月成立，并得到日本政府经产省和总务省以及大企业的支持，目前包括索尼、三菱、日立、日电、东芝、夏普、富士通、NEC、NTT DoCoMo、KDDI、J-Phone、伊藤忠、大日本印刷、凸版印刷、理光、微软、LG和SKT重量级企业。值得注意的是成员绝大多数都是日本的厂商，但是少部分来自国外的著名厂商也有参与。

泛在识别中心的识别技术体系架构由泛在识别码（uCode）、信息系统服务器、泛在通信器和泛在识别码解析服务器四部分构成。泛在识别码采用128bit记录信息，提供了340×1036编码空间，并可以以128bit为单元进一步扩展至256bit、384bit或512bit。泛在识别码能包容现有编码体系的源编码设计，以兼容多种编码，包括JAN、UPC、ISBN、IPv6地址，甚至电话号码。

泛在识别码具有多种形式，包括条形码、射频标签、智能卡、有源芯片等。泛在ID中心把标签进行分类，设立了不同级别的认证标准。信息系统服务器存储并提供与泛在识别码相关的各种信息。泛在通信器主要由IC标签、标签读写器和无线广域通信设备等部分构成，用来把读到的泛在识别码送至泛在识别码解析服务器，并从信息系统服务器获得有关信息。泛在识别码解析服务器确定与泛在识别码相关的信息存放在哪个信息系统服务器上，泛在识别码解析服务器的通信协议为uCodeRP和eTP，其中eTP是基于eTron（PKI）的密码认证通信协议。

4. 中国标准

中国作为世界制造业中心及最大的消费国之一，无疑会成为RFID技术应用的大国。2004年2月，中国国家标准化管理委员会宣布成立电子标签国家标准工作组，负责起草、制订中国有关电子标签的国家标准。4月底，中国企业加入了RFID的全球化标准组织EPC Global，同期EPC Global China也已成立。日本的RFID标准化组织T-引擎论坛与中国企业实华开公司合作成立了基于日本UID标准技术的实验室UID中国中心。至此，国际两大RFID标准组织在中国的战略布局都已经完成。面对国际两大标准组织互不兼容的局面，我国也开始着手制订自己的RFID标准。目前中国电子标签国家标准工作组正在考虑制订中国的RFID标准，包括RFID技术本身的标准，如芯片、天线、频率等方面，以及RFID的各种应用标准，如RFID在物流、身份识别、交通收费等各领域的应用标准。

2005年11月中国RFID产业联盟、12月电子标签标准工作组先后正式成立。截止到2009年5月31日，电子标签标准工作组共有96个成员，几乎涵盖整条产业链，还包括很多研究机构，现在已经立项的标准共25项，正在申请的标准有9项。

在政府的推动下，中国RFID产业以应用带动标准，RFID在中国市场的应用逐渐加快。第二代居民身份证、公交一卡通、北京奥运会票务系统等都是RFID的成功应用。中国食品安全问题爆发后，农业部正在推广建立一套畜牧产品从养殖、屠宰到流通的安全追诉体系。

目前在我国常用的两个RFID标准为用于非接触智能卡的两个ISO标准ISO 14443和ISO 15693。这两个标准在1995年开始操作，其完成则是在2000年之后，二者皆以13.56MHz交变信号为载波频率。ISO 14443定义了TYPE A、TYPE B两种类型协议，通信速度为106kbps，它们的不同主要在于载波的调制深度及位的编码方式。TYPE A采用开关键控制（On-Off keying）的曼切斯特编码，TYPE B采用NRZ-L的BPSK编码。TYPE B与TYPE A相比，具有传输能量不中断、速度更高、抗干扰能力更强的优点。

RFID的核心是防冲撞技术，这也是和接触式IC卡的主要区别。ISO 14443-3规定了TYPE A和TYPE B的防冲撞机制。二者防冲撞机制的原理不同，前者是基于位冲撞检测协议，而TYPE B则是通信系列命令序列完成后，数据序列防冲撞处理。ISO 15693采用轮寻机制、分时查询的方式完成防冲撞机制。防冲撞机制使得同时处于读写区内的多张卡的正确操作成为可能，既方便了操作，也提高了操作的速度。ISO 15693读写距离较远，而ISO 14443读写距离稍近，但应用较广泛。目前的第二代电子身份证采用的标准是ISO 14443的TYPE B协议。

（四）RFID技术比较

在技术标准方面，从全球的范围来看，美国已经在RFID标准的建立、相关软硬件技术的开发、应用领域走在世界的前列。欧洲RFID标准追随美国主导的EPC Global标准。在封闭系统应用方面，欧洲与美国基本处在同一水平。日本虽然已经提出UID标准，但主要得到的是本国厂商的支持，如要成为国际标准还有很长的路要走。RFID在韩国的重要性得到了加强，政府给予了高度重视，但至今韩国在RFID标准上仍模糊不清。

在产业开发方面，TI、Intel等美国集成电路厂商目前都在RFID领域投入巨资进行芯片开发。Symbol等已经研发出同时可以阅读条形码和RFID的扫描器。IBM、Microsoft和HP等也在积极开发相应的软件及系统来支持RFID的应用。欧洲的Philips、STMicroelectronics在积极开发廉价RFID芯片；Checkpoint在开发支持多系统的RFID识别系统；诺基亚在开发能够基于RFID的移动电话购物系统；SAP则在积极开发支持RFID的企业应用管理软件。日本是一个制造业强国，它在电子标签研究领域起步较早，政府也将RFID作为一项关键的技术来发展。MPHPT在2004年3月发布了针对RFID的《关于在传感网络时代运用先进的RFID技术的最终研究草案报告》，报告称，MPHPT将继续支持测试在UHF频段的被动及主动的电子标签技术，并在此基础上进一步讨论管制的问题。

在产业应用方面，美国的交通、车辆管理、身份识别、生产线自动化控制、仓储管理及物资跟踪等领域已经开始逐步应用RFID技术。在物流方面，美国已有100多家企业承诺支持RFID应用，这其中包括：零售商沃尔玛；制造商吉列、强生、宝洁；物流行业的联合包裹服务公司以及政府方面国防部的物流应用。值得注意的是，美国政府是RFID应用的积极推动者。按照美国国防部的合同规定，2004年10月1日或者2005年1月1日以后，所有军需物资都要使用RFID标签；美国食品及药物管理局（FDA）建议制药商从2006年起利用RFID跟踪最常造假的药品；美国社会福利局（SSA）于2005年年初正式使用RFID技术追踪SSA各种表格和手册。

欧洲许多大型企业都纷纷进行RFID的应用实验。例如，英国的零售企业Tesco最早于2003年9月结束了第一阶段试验，试验由该公司的物流中心和英国的两家商店进行，试验是对物流中心和两家商店之间的包装盒及货盘的流通路径进行追踪，使用915MHz频带。2004年7月，日本经产省METI选择了七大产业做RFID的应用试验，包括消费电子、书籍、服装、音乐CD、建筑机械、制药和物流。从近来日本RFID领域的动态来看，与行业应用相结合的基于RFID技术的产品和解决方案开始集中出现，这为2005年RFID在日本应用的推广，特别是在物流等非制造领域的应用，奠定了坚实的基础。

第二节　RFID在纺织中的应用实例

一、管锭对位系统

（一）管纱标志方法

如图3-17所示，一台细纱机少则有几百个锭位，多则有上千个锭位，其中每一个锭位应该工作在同样的状态，然而由于各种原因，其工作中存在差异，在生产过程中，需要找到存在问题的锭位。

图3-17　细纱机的锭位

目前，在我国纺织企业，一般只对细纱机生产的管纱进行抽样试验，以检查细纱机机台的工作状况，以此判断是否需要保全保养等管理工作。然而自动络筒机可以对每个管纱的质量进行统计分析，并且将有质量问题的管纱检出，但却检测不出这些带有疵品的管纱是从哪一个锭子生产的。为了检查纱锭的状态，纺织企业常对每一个纱锭进行标识，并对生产的管纱的质量状态进行动态管理。细纱管纱的标志方法目前主要有以下几种。

1. 钉板法

钉板法即将细纱管纱依次放在专用的钉板上，络筒时再依次从钉板上取出，以确保每个管纱的原始位置不会混乱。钉板法虽然可以实现管纱的跟踪，但每台细纱机至少需要10多个钉板，占用体积庞大，来回运输不便，也不利于快速检测需要。

2. 写字法

写字法即利用专用油笔在纱管上写明对应的细纱机台及其他生产信息。与钉板法相比，写字法占用体积较小，但油笔留下的痕迹容易污染纱线，而且由于再次使用时难以按顺序查找管纱，需要采用专用洗液洗去标志，再重新用油笔标志，操作麻烦，也同样不利于快速检测。

3. 贴纸法

贴纸法即用胶水在空纱管外壁贴上专用的纸条，用以标志纱管的位置信息。但贴纸在来回运送过程中容易脱落，同时胶水也可能对纱线形成污染。另外，与写字法类似，在再次使用时，也很难按顺序查找对应纱管，工作量较大。

上述三种方法已经难以满足当前生产需求。企业迫切需要一种新的方法来建立细纱机锭子和络筒机之间的联系，实现两者之间的信息交换。针对这个管理上暴露出的技术缺陷，由江南大学开发的JN-GDDW-V型管锭对位系统是用于纺纱企业查找细纱机上形成疵纱的锭位，采用无线读取技术实现管纱锭位的具体管理，并构建了解决纺纱企业对纱锭质量单独管理的实用系统，从而有效地提高细纱质量。

（二）管锭对位管理

利用RFID技术的优势，建立一个能够存储管纱编号、安装管纱的锭子位置，记录管纱使用情况以便于实现管纱管理的系统。整个系统一般5万锭细纱车间配一套巡回使用即可满足生产管理的需要。系统由电子纱管（电子标签）、检测仪（标签读出器）以及预装的管锭对位系统专用软件（包括硬件和必要的软件）三个部分组成。

如图3-18所示，贴上电子标签的细纱纱管称为电子纱管，贴上电子标签的管纱称为电子管纱。电子标签被贴在每一个纱管上，电子标签内保存有唯一的标志码或写入的纱管编号，作为其识别纱管的信息依据。在实际使用时，电子标签将放在纱管的内部，以防止在运输过程中损坏电子标签。电子纱管由细纱机机台的锭子数决定，一般为480只，可满足单次检验一台细纱机使用。在生产中电子标签粘贴的位置非常关键，不然标签很容易损坏。图3-18中电子标签贴在纱管表面是为表达方便。

图3-18　电子纱管

检测仪通过外接天线形成一个有效的作用区域，来识别带有电子标签的细纱纱管。检测仪由电源开关、拨盘、3个功能键组、12个数字键盘和控制键盘、指示灯、充电指示灯等部分组成。整个系统由检测仪和信息纱管两部分组成，检测仪如图3-19所示。对应的检测仪器实物如图3-20所示。

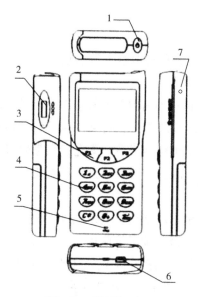

图3-19　检测仪示意图

1—检测头电源开关　2—拨盘　3—三个功能键组
4—12个数字键盘和控制键盘，指示灯　5—充电指示灯
6—充电器接口　7—读取纱管指示灯

(a) 正面　　(b) 侧面

图3-20　检测仪实物图

管锭对位系统专用软件包括检测仪与数据库管理的专用软件。检测仪专用软件用于读取、分析、存储信息，同时提供与计算机通信的接口。与计算机经数据线和通信口RS232相连，经过中间件的处理，RFID标签内包含的RFID编码就被自动读出。数据库管理系统软件由细纱纱锭、管纱存储和管纱使用等模块构成，实现对管纱信息及使用流程的跟踪记录。

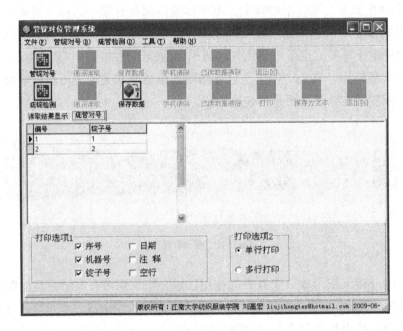

图3-21　管锭对位系统专用软件

（三）管锭对位操作

1.追溯管理

所谓追溯管理，即数据库管理的对象（管纱）具有可追溯性。管纱追溯的过程可以简化为以下四个步骤。

（1）在细纱机上登记注册管纱与锭子的配对信息；当需要检测细纱机运行情况时，先将信息纱管安装到所需检测的细纱机上，完成一批纱线的生产，得到信息管纱。通过本系统的读写器，对信息管纱安装在细纱机上的位置顺序作初始记录，即登记信息管纱在细纱机上的位置。这一操作根据企业工艺管理的需要，可以在纱管安装到细纱机锭子上到落纱之间任何时间完成。

（2）将这一批电子管纱转到自动络筒机上，在全自动络筒机上发现管纱的质量问题。

（3）由本系统完成电子管纱追溯有关细纱机的机台、锭子等信息。

（4）当发现某个管纱有质量问题时，可通过数据库追溯生产该管纱的细纱机机台及锭子后，对有问题的锭子进行保全等管理，以提高该细纱机生产的纱线质量。

2.检测仪操作

检测仪操作包括以下两个方面。

（1）纱管注册。纱管注册的步骤如下：

①将信息纱管随机安装到细纱机上。

②按电源开关，此时显示屏显示主菜单：锭子编号、疵管查询、日期时间、清空数据。

③按键1，选择锭子编号，系统进入子菜单：进入锭子编号；直接进行锭子的标号，可以按照机器上面的顺序依次给每一个锭子自动编号；设定机器编号；可以修改将要编号的机台号码；设定起始编号；可以修改将要编号的锭子号码。

④编号完成后，关闭电源。如图3-22所示。

（2）疵管查询。当在络筒机上发现疵管时，要进行疵管查询，其步骤为：

①按电源开关，此时显示屏显示主菜单：锭子编号、疵管查询、日期时间、清空数据。

②按键2，选择疵管查询。

③将疵管靠近检测仪，检测仪显示相应的机台号和锭位号。

④按电源开关，切断电源。如图3-23所示。

图3-22　纱管注册

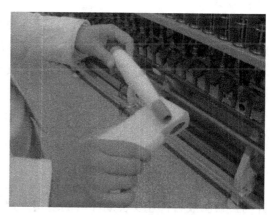

图3-23　疵管查询

管纱的追溯系统至少具有实现对于单个管纱的可跟踪性与追溯性和用于跟踪和追溯的管纱信息便于查询的功能，即管纱管理可以精确到细纱机及特定锭子。管纱在跟踪和追溯过程中，其信息应当以数据库的形式记录、保存，便于保证管纱信息的及时性和准确性。在生产过程中，先利用电子标签读写器将纱管的RFID编码、细纱机台号、锭子编号注册到数据库中。在络筒过程中发现疵管时，通过读写器读出的RFID编码，提取该纱管最后一次相应的细纱机和锭子编号信息，然后利用数据库管理系统软件实现疵管的跟踪和溯源。从细纱纱管贴上RFID标签成为电子纱管后，跟踪开始。跟踪的主要内容有纱管的编号、安装纱管的锭子及细纱机编号、纺纱时间。管纱使用后要注销其相关联的锭子编号，重新安装到锭子上要再次注册其对应锭子及细纱机的信息。

（四）使用效果

系统开发完成后，在某棉纺厂紧密纺纱生产线进行了试用，该厂使用Orion型全自动络筒机。初始制作了1000个电子纱管，可供各台机器检测时使用。当需要检测细纱机运行情况时，先将电子纱管安装到所需检测的细纱机上，完成一批纱线的生产，得到电子管纱。

通过本系统的读写器，对电子管纱的位置作初始记录，即登记电子管纱在细纱机上的位置。然后将这一批电子管纱转到Orion型自动络筒机上，由自动络筒机检测出质量较差的管纱。再由本系统完成电子管纱的追溯，定位到初始细纱机的对应锭子，对细纱机参数作对应调整，加快细纱机落后锭子的检测效率。

采用RFID技术进行管纱管理，对比传统的管纱管理方法，该系统具有以下优点：非接触式识别技术，不损坏管纱；多标签识别，提高数据采集效率；标签可以贴在纱管的任何位置，纱线的遮挡不影响标签的阅读；方便查询管纱相关信息，实现管纱信息实时追溯。

采用基于RFID技术的管纱追溯管理系统较好地实现了细纱机锭子和络筒机之间的信息交换。该系统通过无线射频方式进行非接触双向数据通信，对细纱机上的目标管纱加以识别和记录。并采用计算机数据共享的方式，用数据库技术来管理管纱信息。生产实践证明，该系统具有使用方便、快捷、信息传递可靠等特点，有利于提高生产效率及控制纱线质量。

非接触式识别技术不损坏管纱。为提高数据采集效率，标签可以贴在纱管的任何位置也不影响标签的阅读。纱管可随机安装到细纱机的锭位上。这方便查询管纱相关信息，实现管纱信息实时追溯。信息纱管可以重复利用，随时调节细纱的质量要求，排查细纱机上锭子水平最低的锭位。

二、小车定位系统

（一）小车应用需求

现阶段，纺织行业除了受到国家政策、环境保护和能源成本的影响，劳动力成本上升与短缺已成为行业要长期面对的现实。从2011年下半年起用工需求大于供给现象迅速扩大，特别是劳动密集型的纺织行业，出现了用工荒。有些地区的纺织企业因为用工短缺问题，不得不选择停产或部分停产，严重影响了纺织行业的健康发展。逐渐凸显的用工矛盾倒逼纺织企业，必须通过改造落后装备和科学管理提高劳动生产率，从源头上减少简单的重复劳动和沉重劳动，优化工作环境，降低用工成本。企业只有通过引进现代化、自动化、智能化等先进技术，大幅提升产品质量和劳动者待遇，才能增强纺织行业的国际竞争力。

新型纺纱技术、清梳联、并条机自动换筒装置、细络联等已在行业内得到广泛应用，特别是气流纺与喷气纺纱技术的应用，使纺纱生产过程省去管纱，直接生成大卷装筒子纱。新技术的推广，使纺纱用工大幅度减少。目前，用工最多的仍是粗纱、细纱、络筒三个工序。同时，络筒过程中落纱换筒以及落纱后的运输工作劳动强度大，简单重复性工作较多，员工流失率较高。上述工作的自动化、连续化运转要求，使得纺纱智能化技术的研究变得越来越迫切。目前欧、美等发达国家和地区已经有纺织工厂实现了从原料到成品的全流程智能化生产，生产状况和车间环境实现了集中监控和远程控制，工人劳动强度大幅降低。作为纺织科技的重要载体，数字化、智能化的纺织工厂将是纺织行业未来重要的发展方向，是现代纺织工业化与信息化深度融合的应用体现。

（二）小车应用现状

气流纺纱机、喷气纺纱机、自动络筒机、倒筒机的成品都是大卷装筒子纱形式，全自动落筒小车已经研发成功，并能够实现自动络筒、自动接纱线等功能，新建纺织厂已经广泛采用先进的落筒小车。如图3-24和图3-25所示。

1. 国外现状

作为自动络筒机与气流纺纱机的代表，日本村田机械、意大利萨维奥、德国赐来福自动络筒机和气流纺纱机具有国际领先水平。

日本村田机械Process Coner II QPRO VCF自动落筒小车和单锭与车头计算机完全电子一体化，先进的蓝牙定位技术应用与定位销相结合确保了落筒小车在

图3-24　自动络筒机

(a) 细纱自动落纱车

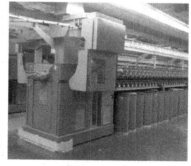

(b) 转杯纺落筒车

图3-25　其他纺纱机小车

单锭上精确定位，即模糊定位与精确定位相结合的方式，所有运动部件都通过单独独立的电机驱动，所以落纱循环被降低到10s一个循环，运行速度最快可达52m/min，其定位装置安装较为复杂。该技术作室内短距离定位时容易发现设备且信号传输不受视距的影响，但蓝牙系统的稳定性稍差，受噪声信号干扰大。

意大利萨维奥Eco Pulsars E落筒小车定位系统采用坦克链行走方式与激光定位技术相结合的方式，该小车落纱循环为13.5s一个循环，落筒小车运行速度可达60m/min。激光技术确保落筒小车在单锭锭位的精确定位，同时要实现高精度的激光定位技术，其配备要求比较复杂，价格昂贵。

德国赐来福Autoconer X5自动络筒机，Autocoro 9气流纺纱机都装有自动落纱清洁小车，其定位装置均采用激光定位技术。

2. 国内现状

国内纺织器械生产厂家也在不断研究自动落纱系统。过去纺纱生产过程中采用人工

落纱方式，落纱工人的劳动强度较大。通过改造，在原有机台上配置了自动落筒小车，实现了落纱自动化，降低了工人劳动强度，提高了落纱效率。现在部分自动络筒机装配有自动换筒装置，在达到满筒时，落筒小车自动定位在换筒位置，落下满管筒子并换上一只空筒管，然后完成空管生头的动作，同时按要求绕好尾纱，将满筒推入机后的筒子输送带。

目前，青岛宏大纺机开发设计的SMARO–E细络联型自动络筒机功能较为突出，实现了与细纱机直接联接的自动络筒机，继承了SMARO新型自动络筒机的成熟技术和主要结构，增加了自主研发的自动落筒小车，实现落纱换筒自动化。2016年中国国际纺织机械展览会上，浙江泰坦纺机和青岛纺机推出自动络筒机选配件落筒小车，实现了整体自动化的目的。浙江日发纺机推出的RS40全自动转杯纺纱机配有巡回式自动接头小车，同时集合了自动清洁自动落筒的功能。

（三）小车定位方法

自动导引车（Automated Guided Vehicle，AGV）与机器人技术在一些现代制造企业，如汽车制造等领域已广泛应用，但是在国内纺织行业中应用较少。AGV系统配有电磁、磁条、光学、视觉等自动导引装置，按规定的导引路线自动行驶，用于多功能运输，是一个完全自动化、智能化的系统。数字棉纺工厂利用AGV系统与机器人技术，实现智能物流系统的柔性传输、打包等功能，包括条桶智能输送系统、精梳棉卷智能输送系统、粗纱空中输送系统、筒纱智能输送等。

AGV最核心的技术问题是如何有效地实现自动导引，即需要知道自己所在的位置，判断有没有按规定的路径行驶，有没有到达指定的目的地等。由此可见，实现自动导引首要前提是精确完成目标定位，解决自动识别定位的问题。目前关于纺织行业的定位系统国内外多家纺机企业已经有所应用，其主要应用在粗细联、细络联等多个关键装备上，已经大量投入实际生产。主要针对AGV落筒小车使用定位技术包括以下几点。

（1）基于室内无线网络空间定位法。利用在传感器节点与无线网络节点之间的空间距离计算AGV落筒小车的空间位置，从而确认小车所在的车上位置。但是小车定位精度要求高，测距定位算法难以满足要求；同时节点布置、室内环境、外界干扰、软件算法等因素的影响导致目前尚无完整的解决方案。

（2）红外光测距定位法。由于纺纱车间一台络筒机机长约25m，同时要达到高精度的要求，导致红外测距法价格昂贵，难以满足纺机现有的成本要求。

（3）现有使用比较成熟的方案有红外定位技术、蓝牙定位技术等。此方法是在小车和锭位上分别安装发送和接收装置，当小车移动到相应的锭位后，通过该装置确认移动的锭位是否正确。因此，该方法存在定位速度慢、难以实现运行过程中自我校验等功能缺陷。

（四）RFID定位系统

基于RFID的落纱小车定位系统安装示意图如图3–26所示。在自动络筒机的落纱小车轨道上每一个锭位处安装射频标签3，每个标签都有对应的唯一序列号，并将阅读器4安装在与标签相对应的落纱小车5上，小车行走时阅读器识别当前锭位标签序列号；当固定在小车上的阅读器向射频标签发送锭位位置数据时，阅读器可以采用多种数字调制技术对数据进行调制，经放大后，通过天线将位置数据发送至上位机；上位机接收序列号后通过软件系统判断该序列号对应锭位编号，判断小车当前位置，发送小车位移指令；同时与辅助在该锭位的运行轨道上的定位销相结合使小车精准停车，以保证机械臂准确换筒、落纱等一系列活动。检测器在落纱小车到达每一个锭位后都会发出通信信号，与检测芯片进行通信，实现对小车所在位置的确认，以提高落纱小车的运行精准度；当落纱小车接近请求锭位时，该锭位处定位销随时待命与小车上销孔相结合，保证精准停车。

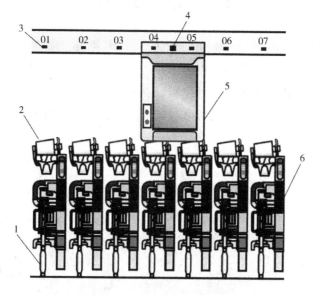

图3-26　定位系统安装示意图

1—管纱　2—筒纱　3—标签　4—阅读器　5—落纱小车　6—筒纱成型系统

检测器在小车移动过程中不断发出通信信号与自动络筒机主机进行通信，当多个锭位发出请求换筒信号时，上位机及时确认小车当前所处的锭位位置，制订小车最优工作路径。同时上位机获取信息后进一步判断小车与当前请求锭位的距离，由小车电动机单独驱动控制器实现对小车的定位和速度调节，使小车可以实现加速—匀速—减速的过程，在即将抵达该请求锭位时启用定位销，达到该锭位时小车精确停车。

（五）RFID定位测试

1. 测试平台

一般自动络筒机包括车头和车尾，其机身总长度约为25m，包含有64个锭位，各络筒锭位之间距离为32~33cm，络筒循环均控制在10~13.5s之间，小车行走速度最快也可达到87cm/s。实验模拟自动络筒机小车运行轨道，设计出一台通过上位机控制步进电动机转动的传送带轨道，模拟动态标签读取。实验平台安装示意图如图3-27所示。

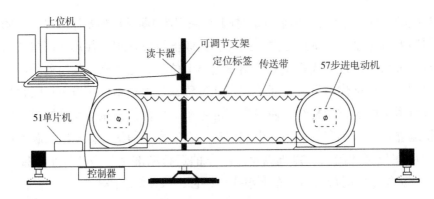

图3-27 实验平台安装示意图

该实验平台如图3-28所示，主要由上位机、51单片机、步进电动机控制器、57步进电动机、传送带五部分组成。由上位机给单片机发送控制步进电动机的脉冲信号来实现对传送带的速度和传送距离的调节，通过控制器高速脉冲输出实现对电动机转动轴速度的调节，将传送带需要运行的速度和距离转换成相应的脉冲频率和脉冲数，传送带的运行速度可达1.1m/s。

图3-28 定位系统测试平台

测试过程中，读卡器固定在支架上，传送带轨道等距离间隔32cm铺设RFID定位标签，模拟出固定于落纱小车上的读卡器与轨道上定位标签的相对位移，读卡器与工作站之间以USB方式连接进行数据通信，将实时读卡定位信息传送至工作站，以便于识别出当前标签所处位置。

2. 硬件设计

该小车定位系统的工作原理是基于RFID读写器的原理实现的，RFID系统选用13.56MHz频段的高频阅读器和高频射标签。RFID阅读器通过天线与RFID射频标签进行无线通信，能够实现对标签编码的读取。RFID芯片上有可擦写可编程的存储器来储存识别码或其他数据。

阅读器系统硬件设计：阅读器系统硬件主要由射频模块和微型单片机组成。射频模块CLRC632与MIFARE芯片通信获取数据，并将通过天线和射频模块检测到的芯片编码数据传递给单片机；单片机STC89由读写与控制模块组成，单片机同时通过串口通信电路连接主控机，主控机接收单片机采集的标签信息，用于实时监控。CLRC632是NXP公司生产的非接触式射频读卡芯片，采用工作频率为13.56MHz的高集成读卡集成电路，通过SPI总线与微控制器连接，支持ISO/IEC14443和ISO/IEC15693标准的射频标签，支持最大10cm的工作距离。

3. 软件设计

基于RFID定位技术的落纱小车定位系统软件工作流程如图3-29所示。系统初始化完成后，当上位机获得满筒锭位换筒请求时，首先将安置于轨道的RFID标签进行读取，获取当前小车所处位置数据，发送至上位机，用系统设定好的路线最优算法进行计算，从而得到一个高效率完成锭位请求的小车路径。确定小车路径后，上位机控制小车开始移动。小车移动的过程中，读卡器不间断读取安装在轨道上的定位芯片，并将当前小车所处锭位坐标发送至上位机。上位机通过对当前位置信息处理对电动机加速、减速控制，快速精准到达当前请求锭位坐标位置。

（六）RFID定位效果

1. 距离的影响

首先使高频RFID天线一体化读卡器天线所在平面与无源射频标签所在平面保持平行放置，使读卡器较长边与标签较长边夹角为0°，传送带总长170cm，每隔32cm放置一张标签，根据络筒机小车运行速度设计传送带平均速度为54m/s，在这样的摆放条件下进行读卡距离实验。读卡器与标签之间的距离见表3-1，对每种读卡距离测试200次。

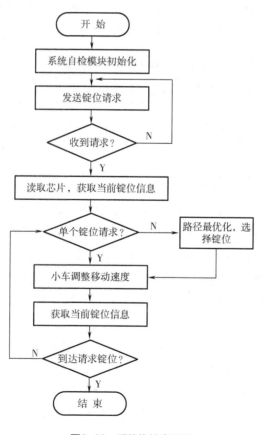

图3-29　系统软件流程图

表3-1　读卡距离实验数据

读卡器与标签距离（mm）	读卡次数	读卡率（%）	读卡器与标签距离（mm）	读卡次数	读卡率（%）
5	200	100	20	200	100
10	200	100	25	200	91
15	200	100	30	200	0

从表3-1数据可以看出，当读卡器与标签之间距离达到20mm时，读卡识别率达到100%；当读卡器与标签之间距离大于25mm时，开始出现漏读现象，读卡识别率随距离增加而降低。

根据图3-26所示安装方法，络筒机落纱小车与其运行轨道之间阅读器与标签的可安装范围为0~50mm，将安装于落纱小车的读卡器与所运行轨道上安置的标签之间距离设定在20mm之内，可以满足落纱小车的对位需求。

2. 角度的影响

首先使高频RFID天线一体化读卡器天线所在平面与无源射频标签所在平面保持平行放置，使读卡器较长边与标签较长边夹角为0°，根据络筒机小车运行速度设计传送带平均速度为54m/s，保持读卡器与标签表面之间距离为20mm（与前面的实验一致）；其次，使读卡器较长边与标签较长边夹角分别设置为0°、30°、45°、60°和90°，对每种摆放方向进行200次读卡识别实验，准确读卡率统计见表3-2。

表3-2　读卡方向实验数据

读卡器与标签夹角（°）	读卡次数	读卡率（%）	读卡器与标签夹角（°）	读卡次数	读卡率（%）
0	200	100	60	200	0
30	200	100	90	200	0
45	200	39			

从表3-2可以看出，当读卡器与标签之间夹角为0°和30°时，读卡识别率最高，达到100%；随着读卡器与标签之间的夹角增大时，读卡识别率逐渐降低，当读卡器与标签之间夹角增加到60°时，无法识别当前标签，即读卡器与标签天线的安装角度超出其可识别辐射区，无法获取标签信息。由此可以看出，在实际使用中，将读卡器与天线所在平面与标签所在平面平行放置具有较好的读卡识别效果，可以保证在30°以内。

3. 速度的影响

在动态RFID应用系统中，天线移动速度对系统性能影响至关重要，相对速度越快，标签读取就越不稳定。为了能更好地适应安装在落纱小车上读卡器在变速的环境下的标签识别，使读卡器较长边与标签较长边夹角为0°保持平行放置，读卡器与标签间距设置为25mm，标签间隔32cm，进行五组不同速度条件下的标签识别实验，检测移动速度对小车定位系统性能的影响，表3-3给出了不同速度下的标签识别结果。

从表3-3可以看出，基于RFID的小车定位系统能够在高速移动情况下正确有效读取标签。当读卡器与标签相对移动速度增加至66m/s时，标签读取较为稳定，读卡率达到100%，无漏读现象。国际先进落纱小车移动速度最高可达到52m/s，RFID定位系统完全可以满足在高速移动条件下小车的定位。当判断小车即将到达请求锭位时，上位机控制小车减速慢行，同时在定位销的辅助下，保证小车精准停车。

表3-3　读卡速度实验数据

读卡速度（m/s）	读卡次数	读卡率（%）	读卡速度（m/s）	读卡次数	读卡率（%）
18	200	100	54	200	100
30	200	100	66	200	100
42	200	100			

基于RFID定位系统对自动络筒机落纱小车实现实时精准定位，该方法比现有落纱小车定位系统更加简单，成本较低，系统运行稳定且不易被外界因素干扰。

第三节　RFID的软件和硬件

一、常用读写器

（一）CM读写器

如图3-30所示，CM系列射频IC读写器是无驱读写设备，是一款低成本、高性能、简单、易用、稳定、实用的非接触式IC卡读写器。采用先进的即插即用，USB接口无驱动核心技术（HID协议），通过USB口实现同PC机及相关设备的连接，或者通过RS232接口与PC或MCU等设备连接，方便用户使用以及维护。产品已经提供多种平台的驱动开发包，附带的演示程序可操作射频卡的全部功能，并带有自动测卡操作，提供各种丰富、完善的接口函数动态链接库DLL，便于客户二次开发。

图3-30　CM读写器

其技术指标简要介绍如下：可读写ISO/IEC14443-A、14443-B、15693等类型卡片；支持M1、MF one S50/S70、MF Pro、UL、SR176、AT88RF020、I-CODE2、TI RFID Tag、FM1208、EM4135、EM4034等兼容卡片；工作频率为13.56MHz；串口波特率在9600~115200bps；读卡距离在100mm以内；读卡时间<0.1s；供电电源DC5V，消耗电流<100mA；状态指示：2色LED指示，通电时红色，读卡时绿色。

（二）CM读写模块

如图3-31所示，CM031是一个基于原装IC集成电路开发的高频RFID MF读写模块，支持UL、MF Mini、MF 1k（S50）、MF 4k（S70）、FM11RF08、NTAG203、Ultralight及其他兼容13.56MHz的卡片或标签，UART输出接口。除了通信接口CM030为I^2C、CM031为UART，CM030和CM031的技术参数完全一样。

图3-31　CM031读写模块

对应的引脚功能：VDD和GND连接电源；TXD和RXD为串口通信端子；IN为输入端子，下降沿唤醒；OUT为输出端子，有标签进入时输出低电平，无标签时输出高电平。

其技术指标简要介绍如下：自动寻卡；内置天线；UART接口；操作电压2.5~3.6V，I/O插脚最大电压5V；工作电压在3.3V的条件下，工作电流小于40mA；电源掉电电流低于10μA；操作距离小于50mm；尺寸为38mm×38mm×3mm；双LED指示灯，绿色指示感应区是否有卡片，红色指示灯由外部命令控制。

（三）MFRC读写卡芯片

MFRC522是高集成度读写卡系列芯片中的一员，应用于13.56MHz通信。MFRC522利用了先进的调制和解调概念，完全集成了在13.56MHz下所有类型的被动非接触式通信方式和协议。支持ISO14443A的多层应用。其内部发送器部分可驱动读写器天线与ISO14443A/MIFARE卡和应答机的通信，无需其他的电路。接收器部分提供一个坚固而有效的解调和解码电路，用于处理ISO14443A兼容的应答器信号，数字部分处理ISO14443A帧和错误检测或校验。此外，它还支持快速CRYPTO1加密算法，用于验证MIFARE系列产品。

MFRC522支持MIFARE更高速的非接触式通信，双向数据传输速度高达424kbps。与主机间的通信采用连线较少的串行通信，且可根据不同的用户需求，选取SPI、I2C或串行UART（类似RS232，电压电平取决于提供的管脚电压）模式之一，有利于减少连线，缩小PCB板体积，降低成本。

MFRC522作为13.56MHz高集成度读写卡系列芯片家族的新成员，是NXP公司针对三表、板上单元、公共交通终端、便携式手持设备、非接触式公用电话应用推出的一款低电压、低成本、体积小的非接触式读写卡芯片，是智能仪表和便携式手持设备研发的较好选择。其典型的应用电路如图3-32所示。

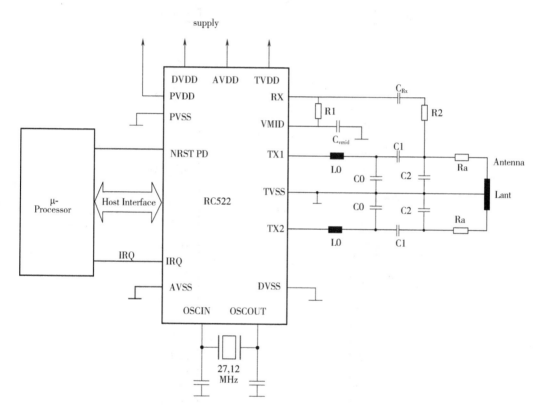

图3-32 典型应用电路

其技术指标简要介绍如下：高集成度的调制解调电路；采用少量外部器件，即可将输出驱动级接至天线；支持ISO/IEC14443 TypeA和MIFARE&reg通信协议；读写器模式与ISO14443A/MIFARE&reg的通信距离高达50mm，取决于天线的长度和调谐；支持ISO14443 212kbps和424kbps的更高传输速度的通信；支持 MIFARE&reg和Classic加密；64字节的发送和接收FIFO 缓冲区；灵活的中断模式；可编程定时器；具备硬件掉电、软件掉电和发送器掉电三种节电模式，内置温度传感器，以便在芯片温度过高时自动停止RF发射；采用相互独立的多组电源供电，以避免模块间的相互干扰，提高工作的稳定性；具备CRC和奇偶校验功能，CRC协处理器的16位长CRC，符合ISO/1EC14443和CCTITT协议；内部振荡器，连接27.12MHz的晶体；2.5~3.3V的低电压低功耗设计；5mm×5mm×0.85mm的超小体积。

（四）FM17读写卡芯片

FM17系列产品是复旦微电子股份有限公司设计的，芯片内部高度集成了模拟调制解调电路，只需少量的外围电路就可以工作。FM17基于ISO 14443标准的系列非接触读卡机专用芯片，可分别支持13.56MHz频率下的TypeA、TypeB、15693三种非接触通信协议，支持MIFARE和SH标准的加密算法，可兼容Philips的RC500、RC530、RC531及RC632等读卡机芯片。FM1702芯片的封装端子如图3-33所示。

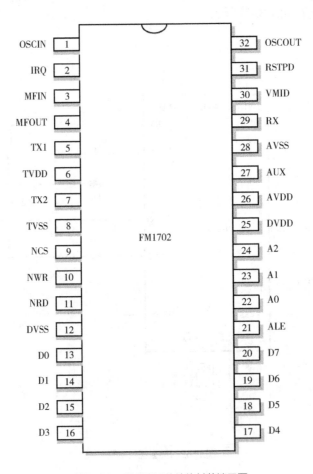

图3-33　FM1702芯片的封装端子图

FM17产品在PCB布板时，需要在TVDD和TVSS之间接入一个0.1μF的电容，电容在PCB板放置的位置一定要贴近TVDD和TVSS引脚。FM17（低电压版）芯片VMID脚接地间使用的电容应为标称103（10nF）的电容。FM17芯片中NWR/NRD信号是由内部74ns的时钟采样后得到数字电路使用的写/读信号，所以这两个信号的宽度必须大于74ns采样时钟宽度，否则会采样不到。同样，NWR/NRD信号变高后，NWR/NRD采样后信号可能还是有效的，所以数据和地址也应该保持74ns不变。

　　FM17产品在接受卡片返回命令应答（0xA）4Bit应答时，读写器底层程序应该把读卡器芯片的接收电路的CRC校验屏蔽掉，而只启动发送电路的CRC校验功能。这样读卡器芯片在接收不带CRC校验的4Bit应答信号时就不会发生CRC校验错误，而正确接收到相应的应答信号。程序修改方法为在发送相应的需要卡片回答4Bit应答信号的命令前，先关闭接收电路的CRC功能（即写0x22寄存器为0x07），在命令执行完后开启接收电路的CRC校验功能（即写0x22寄存器为0x0f）。底层程序中写数据、电子钱包的加/减值、Transfer功能中涉及CRC校验的地方要做相应的修改。由于只涉及卡片返回命令（0xA）4Bit应答，因此本修改不会影响到数据传输的安全性。其典型的应用电路如图3-34所示。

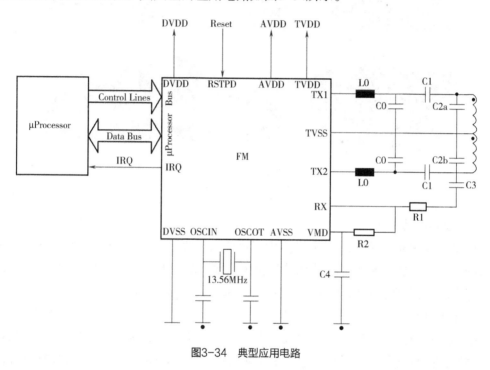

图3-34　典型应用电路

二、S50卡（Mifare1）

（一）卡外观

　　Mifare 1卡简称M1卡，其典型的外观如图3-35（a）、（b）所示，卡的尺寸为85.6mm×53.98mm×0.76mm。另外，该类型的卡也有其他一些外观形状，如图3-35（c）、（d）所示。

（二）技术指标

　　每张卡有唯一序列号，为32位；具有防冲突机制，支持多卡操作；无电源，自带天线，内含加密控制逻辑和通信逻辑电路；数据保存期为10年，可改写10万次，读无限次；工作频率为13.56MHz；通信速度为106kbps；读写距离10cm以内。对其中的数据块等可以进行读（Read）一个块，写（Write）一个块；加（Increment）对数值块进行加值；减

（Decrement）对数值块进行减值；存储（Restore）将块中的内容存到数据寄存器中；传输（Transfer）将数据寄存器中的内容写入块中；中止（Halt）将卡置于暂停工作状态等操作。

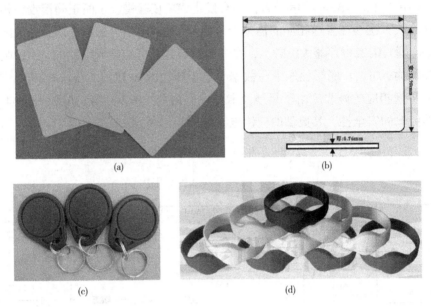

图3-35 M1卡外观

（三）重要单元

Control & Arithmetic单元：控制及算术运算单元，这一单元是整个卡的控制中心，是卡的"头脑"。它主要对卡的各个单元进行操作控制，协调卡的各个步骤；同时它还对各种收/发的数据进行算术运算处理、递增/递减处理和CRC运算处理等，是卡中内建的中央微处理器（MCU）单元。

RAM/ROM单元：RAM主要配合控制及算术运算单元，将运算的结果进行暂时存储。例如，将需存储的数据由控制及算术运算单元取出送到EEPROM存储器中；将需要传送给读写器的数据由控制及算术运算单元取出，经过RF射频接口电路的处理，通过卡片上的天线传送给读写器。RAM中的数据在卡失掉电源后（卡片离开读写器天线的有效工作范围）将会丢失。同时，ROM中则固化了卡运行所需要的必要的程序指令，由控制及算术运算单元取出，对每个单元进行指令控制，使卡能有条不紊地与读写器进行数据通信。

Crypto Unit：数据加密单元，该单元完成对数据的加密处理及密码保护。加密的算法可以为DES标准算法或其他。

EEPROM存储器及其接口电路：EEPROM Interface/EEPROM Memory，该单元主要用于存储用户数据，在卡失掉电源后（卡片离开读写器天线的有效工作范围）数据仍将被保持。

M1卡内部有1个容量为8kbits的EEPROM，分为扇区0~扇区15，共16个扇区，每个扇区有独立的一组密码及访问控制，每个扇区由块（block）0~3块共4块组成，也将16个扇区的

64个块按绝对地址编号为0~63块，每个块均为16字节。存储器的结构见表3-4。

表3-4　M1卡的EEPROM

扇区号	块号	内容	特征	绝对块号
扇区0	块0	卡信息及厂商标识代码	标识块	0块
	块1	数据1	数据块	1块
	块2	数据2		2块
	块3	密码A 存取控制 密码B	控制块	3块
扇区1	块0	数据0	数据块	4块
	块1	数据1		5块
	块2	数据2		6块
	块3	密码A 存取控制 密码B	控制块	7块
扇区2~14			扇区1	
扇区15	块0	数据0	数据块	60块
	块1	数据1		61块
	块2	数据2		62块
	块3	密码A 存取控制 密码B	控制块	63块

（1）标识块。扇区0的块0，绝对地址0块，它用于存放厂商标识代码，保存着只读的卡信息及厂商信息，已经固化，不可更改。例如：

AF A7 3E 00 36, 08, 04 00, 99 44 30 43 31 34 36 16

前面五个字节AF A7 3E 00 36 是卡序列号，08是卡容量，04 00是卡类型，99 44 30 43 31 34 36 16是厂商自定义的一些信息，64bit UID包含50bit的独立的串号标签的标识码（Unique ID）。

（2）数据块。每个扇区的块0、块1、块2为数据块，可用于存储数据。数据块可作两种应用：用作一般的数据保存，可以进行读、写操作；用作数据值，可以进行初始化值、加值、减值、读值操作。

（3）控制块。每个扇区的块3为控制块，包括了密码A（使用字节0~字节5，共6字节）、存取控制（使用字节6~字节9，共4字节）、密码B（使用字节10~字节15，共6字节）。例如：A0 A1 A2 A3 A4 A5, FF 07 80 69, B0 B1 B2 B3 B4 B5。

（四）卡的读写存取控制

每个扇区的密码和存取控制都是独立的，可以根据实际需要设定各自的密码及存取控制。扇区中的每个数据块和控制块的存取条件是由密码和存取控制共同决定的，在存取控制中每个块都有相应的三个控制位，分成C10~C13，C20~C23，C30~C33，定义如下。

块0：C10　　C20　　C30

块1：C11　　C21　　C31

块2：C12　　C22　　C32

块3：C13　　C23　　C33

三个控制位以正和反两种形式存在于存取控制字节中，决定了该块的访问权限，以_b表示取反，三个控制位在存取控制字节中的位置，字节9备用默认值为0x69（01101001）。M1卡读写控制区见表3-5。

表3-5　M1卡读写控制区

bit	7	6	5	4	3	2	1	0
字节6	C23_b	C22_b	C21_b	C20_b	C13_b	C12_b	C11_b	C10_b
字节7	C13	C12	C11	C10	C33_b	C32_b	C31_b	C30_b
字节8	C33	C32	C31	C30	C23	C22	C21	C20
字节9	0	1	1	0	1	0	0	1

例如，M1卡读写控制区0见表3-6。

表3-6　M1卡读写控制区0

bit	7	6	5	4	3	2	1	0
字节6				C20_b				C10_b
字节7				C10				C30_b
字节8				C30				C20
字节9	0	1	1	0	1	0	0	1

（1）数据块块0、块1、块2的存取控制。M1卡访问块0、块1、块2条件见表3-7。其中KeyA表示密码A，KeyB表示密码B，KeyA|B表示密码A或密码B，Never表示任何条件下不能实现。例如，当块0的存取控制位C10 C20 C30=1 0 0时，验证密码A或密码B正确后可读；验证密码B正确后可写；不能进行加值、减值操作。

表3-7　M1卡访问块0、块1、块2条件

控制位（X=0~2）			访问条件（对数据块0、1、2）			
C1X	C2X	C3X	Read	Write	Increment	Decrement, transfer, Restore
0	0	0	KeyA|B	KeyA|B	KeyA|B	KeyA|B
0	1	0	KeyA|B	Never	Never	Never
1	0	0	KeyA|B	KeyB	Never	Never
1	1	0	KeyA|B	KeyB	KeyB	KeyA|B
0	0	1	KeyA|B	Never	Never	KeyA|B
0	1	1	KeyB	KeyB	Never	Never
1	0	1	KeyB	Never	Never	Never
1	1	1	Never	Never	Never	Never

（2）控制块块3的存取控制。控制块块3的存取控制与数据块（块0、块1、块2）不同，其具体内容见表3-8。

表3-8　M1卡访问块3条件

C13	C23	C33	密码A		存取控制		密码B	
			Read	Write	Read	Write	Read	Write
0	0	0	Never	KeyA|B	KeyA|B	Never	KeyA|B	KeyA|B
0	1	0	Never	Never	KeyA|B	Never	KeyA|B	Never
1	0	0	Never	KeyB	KeyA|B	Never	Never	KeyB
1	1	0	Never	Never	KeyA|B	Never	Never	Never
0	0	1	Never	KeyA|B	KeyA|B	KeyA|B	KeyA|B	KeyA|B
0	1	1	Never	KeyB	KeyA|B	KeyB	Never	KeyB
1	0	1	Never	Never	KeyA|B	KeyB	Never	Never
1	1	1	Never	Never	KeyA|B	Never	Never	Never

例如，当块3的存取控制位C13 C23 C33=1 0 0时，密码A：不可读，验证KeyB正确后，可写或更改。存取控制：验证KeyA或KeyB正确后，可读、不可写。密码B：验证KeyB正确后，不可读，可写。

比如块3的16字节如下：

00　00　00　00　00　00，FF　07　80　69，FF　FF　FF　FF　FF　FF

前面6个字节是密钥A，最后的6字节是密钥B，其值为0xFF 0xFF 0xFF 0xFF 0xFF 0xFF，中间的4个字节是访问条件，有：

C1X［0..2］　　　C2X［0..2］　　　C3X［0..2］

　　0　　　　　　　　0　　　　　　　　0

对应表3-8，可得出对该扇区块0~2的存取控制条件。密码A：不可读，验证KeyA或KeyB正确后，可写或更改。存取控制：验证KeyA或KeyB正确后，可读、可写。密码B：验证KeyA或KeyB正确后，可读、可写。

C1X3　　C2X3　　C3X3

　0　　　　0　　　　1

对应表3-8，可得出对该扇区块3的存取控制条件。存取控制密码A：不可读，验证KeyA或KeyB正确后，可写或更改。存取控制：验证KeyA或KeyB正确后，可读、可写。密码B：验证KeyA或KeyB正确后，可读、可写。

（五）标签与读写器的通信

标签与读写器的通信过程如图3-36所示。

1. 请求应答模块

请求应答（Answer To Request，ATR）模块的作用是请求应答、验证卡片功能。M1射频卡的通信协议和通信波特率是定义好的，当一张M1卡处在读写器的天线工作范围之内时，程序员控制读写器向卡发出Request all（或Request std）命令后，卡的ATR将启动，将卡片块0中两个字节的卡类型号（Tag Type）传送给读写器，建立卡与读写器的第一步通信联络，即验证卡片的卡型。如果卡的类型不对或者不进行第一步的ATR工作，读写器对卡的其他操作将不会进行，例如读/写操作。

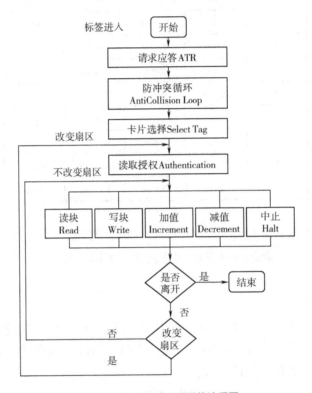

图3-36　标签与读写器通信流程图

2. 防卡片冲突循环模块

防卡片冲突循环模块（Anti Collision Loop）具有防卡片冲突循环功能。如果有多张M1卡处在读写器的天线工作范围之内，则AntiCollision模块的防冲突功能将被启动工作，防冲突功能会从其中选择一张进行操作，未选中的则处于空闲模式等待下一次选卡，该过程会返回被选卡的序列号。读写器将会首先与每一张卡进行通信，读取每一张卡的序列号（Serial Number）。由于每一张M1卡都具有唯一的序列号，决不会相同。因此，程序员将启动读写器中的AntiCollision防重叠功能，配合卡上的防重叠功能模块，根据卡序列号来选定其中一张卡。被选中的卡将被激活，可以与读写器进行数据交换；而未被选中的卡处于等待状态，随时准备与读写器进行通信。AntiCollision 模块启动工作时，读写器将得到卡片的序列号（Serial Number）。序列号存储在卡的块0中，共有5个字节，实际有用的为4个字节，另一个字节为序列号的校验字节。

下面举例说明一种防卡片冲突功能的实现过程。充电后的IC有三种主要数字状态：准备（READY，初始状态）、识别（ID，标签期望读写器识别的状态）、数据交换（DATE EXCHANGE，标签已被识别状态）。

首先，标签进入读写器的射频场，从无电状态进入准备状态。读写器通过"组选择"和"取消选择"命令来选择工作范围内处于准备状态中所有或者部分的标签，来参与冲突判断过程。为解决冲突判断问题，标签内部有两个装置：一个8bit的计数器；一个0或1的随机数发生器。标签进入ID状态的同时把它的内部计数器清"0"，阅读器指定电子标签记忆体的特定位元数为次数批量，电子标签根据次数批量，将回应的时机离散化。例如，在两位数的次数批量为00、01、10、11时，读写器将以不同的时机对这四种可能性逐一进行回应。它们中的一部分可以通过接收超高频射频识别系统读写器设计"取消"命令重新回到准备状态，其他处在识别状态的标签进入冲突判断过程。被选中的标签开始进行下面循环。

①所有处于ID状态并且内部计数器为0的标签将发送它们的UID。

②如果多于一个的标签发送，读写器将发送失败命令。

③所有收到失败命令且内部计数器不等于0的标签将其计数器加1。收到失败命令且内部计数器等于0的标签（刚刚发送过应答的标签）将产生一个"1"或"0"的随机数，如果是"1"，它将自己的计数器加1；如果是"0"，就保持计数器为0并且再次发送它们的UID。

④如果有一个以上的标签发送，将重复第2步操作。

⑤如果所有标签都随机选择了"1"，则读写器收不到任何应答，它将发送成功命令，所有应答器的计数器减1，然后计数器等于0的应答器开始发送，接着重复第2步操作。

⑥如果只有一个标签发送并且它的UID被正确接收，读写器将发送包含UID的数据读命令，标签正确接收该条命令后将进入数据交换状态，接着将发送它的数据。读写器将发送成功命令，使处于ID状态的标签的计数器减1。

⑦如果只有一个标签的计数器等于1并且返回应答，则重复第5和第6步操作；如果有一个以上的标签返回应答，则重复第2步操作。

⑧如果只有一个标签返回应答，并且它的UID没有被正确接收，读写器将发送一个重发命令。如果UID被正确接收，则重复第5步操作。如果UID被重复几次的接收（这个次数可以基于系统所希望的错误处理标准来设定），就假定有一个以上的标签在应答，重复第2步操作。

3. 卡片选择模块

卡片选择模块（Select Tag Application）完成卡片的选择功能。当卡与读写器完成了上述两个步骤，读写器要想对卡进行读/写操作时，必须对卡进行"Select"操作，以使卡真正地被选中。被选中的卡将卡片上存储在块0中的卡容量"Size"字节传送给读写器。当读写器收到这一字节后，方可对卡进行进一步的操作，如密码验证等。

4. 读取授权模块

读取授权模块（Authentication & Access Control）完成读取授权功能。认证及存取控制模块完成上述的三个步骤后，读写器对卡进行读/写操作之前，必须对卡上已经设置的密码进行认证，如果匹配，则允许进一步的读/写操作。M1卡上有16个扇区，每个扇区都可分别设置各自的密码，互不干涉，必须分别加以认证，才能对该扇区进行下一步的操作。因此，每个扇区可独立地应用于一个应用场合，整个卡可以设计成一卡多用的形式来应用。密码的认证采用了三次相互认证的方法，具有很高的安全性。如果事先不知卡上的密码，则因密码的变化可以极其复杂，试图靠猜测密码而打开卡上一个扇区的可能性几乎为零。

5. 读块、写块等操作

数据块读、写等操作功能。对数据块进行读（Read）、写（Write）、加（Increment）、减（Decrement）、中止（Halt）操作。

三、基于读写模块系统开发

（一）系统组成

基于读写模块系统由非接触式IC卡、读卡器、单片机及PC终端四大部分组成，如图3-37所示。

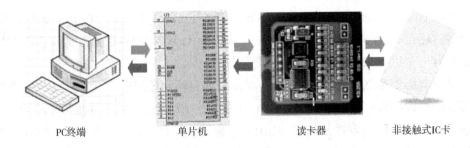

PC终端　　　　　　单片机　　　　　　读卡器　　　　非接触式IC卡

图3-37　基于读写模块系统

（二）系统连线

将排针焊到板子上，切记要焊好，不要虚焊，如图3-38所示。

识别模块与单片机之间通过RS232进行通信，硬件引脚与程序中引脚的对应情况如下：Vcc—3.3V，TXD—RXD，RXD—TXD，GND—GND，IN—OUT，OUT—IN。

（三）供电方式

模块的电源问题，电压最大不能超过3.6V，单片机供电为5V，不要直接供电，否则可能会出现不识卡的情况，可以使用"稳压LM1117-3.3"这个元件，或者直接使用两节电池盒，电压为3V。与单片机的连接如图3-39所示。

（四）软件配置

单片机IO口引脚与程序中引脚对应关系可在Main.h文件中修改，位置如下：

```
//IO definition
sbit CARDIN= P1^0;
sbit WAKEUP= P1^1;
sbit OKLED= P2^0;
sbit ERRLED= P2^1;
```

图3-38　接线方法

图3-39　与单片机的连接

（五）程序设计

对模块内部的数据块进行读写，需要完成寻卡→防冲突→选卡→读/写卡四个步骤；

第一步：寻卡。

CM_Request(SelectCard)；

while(!g_bReceOver && !g_bTimeOut)；

if((g_ucReceBuf［2］!=0x01) || (g_ucReceBuf［3］!=0) || g_bTimeOut) {continue；}

if(g_ucReceBuf［1］ == 8) // g_ucReceBuf［8］或［11］返回的卡类型

　g_ucCardType = g_ucReceBuf［8］；

　else　g_ucCardType = g_ucReceBuf［11］；

说明：1：Mifare_One(S50)；2：Mifare_Pro；3：Mifare_UltraLight；4：Mifare_One(S70)；5：Mifare_ProX；6：Mifare_DESFire。

比如，当g_ucCardType为1时，卡类型为M1(S50)。

第二步：防冲撞处理。

CMAnticoll(UID)；

第三步：读写卡前认证。

SendCom(LoginSector0)；

while(!g_bReceOver && !g_bTimeOut)；

if((g_ucReceBuf［2］!=0x02) || (g_ucReceBuf［3］!=2) || g_bTimeOut) return false；

第四步：写卡。

SendCom(WriteBlock1)；

while(!g_bReceOver && !g_bTimeOut)；

if((g_ucReceBuf［2］!=0x04) || (g_ucReceBuf［3］!=0) || g_bTimeOut) return false；

if(memcmp(&WriteBlock1［4］, &g_ucReceBuf［4］, 16) != 0) return false；

第五步：读卡。

SendCom(ReadBlock1)；

while(!g_bReceOver && !g_bTimeOut);
if((g_ucReceBuf［2］!=0x03)||(g_ucReceBuf［3］!=0) || g_bTimeOut)
return false;

四、基于读写器系统开发

（一）系统组成

基于读写器系统由非接触式IC卡、读卡器及PC终端三大部分组成，如图3-40所示。

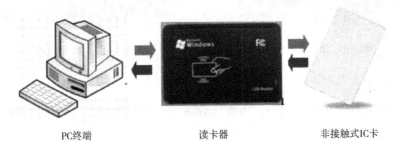

PC终端　　　　　　　　读卡器　　　　　　非接触式IC卡

图3-40　基于读写器系统组成

（二）软件界面设计

RFID技术所涉及的硬件主要有计算机、电子标签、阅读器、服务器等。软件选择Visual Basic 6.0开发平台，操作系统为Windows7。首先，打开Visual Basic 6.0界面，选择标准EXE。点击工具栏的"工程"选项，然后选择添加模块，出现添加模块对话框，选择新建、模块、打开。用此方法再添加一个MainModule.bas的模块。在新打开的窗体中，添加部件，对所添加部件进行属性的更改，效果如图3-41所示。

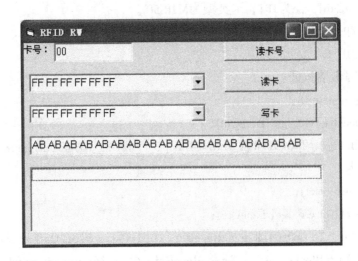

图3-41　窗体示意图

（三）程序的编写

1. MainModule 内容

MainModule.bas 的主要内容是有关动态库中的函数调用，包括打开通信口函数、关闭通信口函数、读卡函数和写卡函数等。部分主要程序如下：

```
Declare Function OpenComm Lib "mi.dll" Alias "API_OpenComm" _
    (ByRef comm As Byte，ByVal nBoudrate As Long) As Long
Declare Function CloseComm Lib "mi.dll" Alias "API_CloseComm" _
    (ByVal handle As Long) As Integer
Declare Function API_PCDRead Lib "mi.dll" _
    (ByVal handle As Integer，ByVal deviceAddr As Integer，_
    ByVal mode As Byte，ByVal blk_Addr As Byte，ByVal Num_blk As Byte，_
    ByRef snr As Byte，ByRef Buffer As Byte) As Integer
Declare Function API_PCDWrite Lib "mi.dll" _
    (ByVal handle As Integer，ByVal deviceAddr As Integer，_
    ByVal mode As Byte，ByVal blk_Addr As Byte，ByVal Num_blk As Byte，_
    ByRef snr As Byte，ByRef Buffer As Byte) As Integer
```

2. 窗体编写程序

窗体加载时，下拉列表框默认显示的数据及可添加的数据。

```
readkey.AddItem "A0 A1 A2 A3 A4 A5"
readkey.Text = "FF FF FF FF FF FF"
writekey.AddItem "A0 A1 A2 A3 A4 A5"
writekey.Text = "FF FF FF FF FF FF"
```

窗体卸载时，关闭com。

```
If com <> 0 Then Close com
```

3. 声明变量

定义读卡模块与计算机通信过程中的通信口变量com。

```
Option Explicit
Dim com As Long
```

4. 写入按钮编程

每按下按钮一次，执行一次写卡操作，并将写卡结果显示出来，当写卡失败时，显示"写卡失败"。

```
Private Sub cmdwrite_Click()
    Dim ret As Integer
    Dim blk_Addr，dataLen As Integer
    Dim mode，devAddr，Num_blk As Byte
    Dim asnr(20) As Byte
```

```
Dim aBuffer(2048) As Byte

Dim strRet As String

'一个指针传递6个字节的秘钥

ret = hexToBin(data.Text，asnr)

'传送数据到data文本中

ret = hexToBin(data.Text，aBuffer)

'选择写入方式、开始写入的位置和写入的块数

ret = API_PCDWrite(com, "00", &OO, 10, 1, asnr(0), aBuffer(0))

'列表框显示"写成功"，"卡的序列号是："+所写卡序列号；

If ret = 0 Then

    events.AddItem("写成功")

    events.AddItem("卡的序列号是：" + strByHex(asnr，4))

Else

'列表框显示"操作失败，无数据接收

If ret = Null Then

    events.AddItem("操作失败，无数据接收 :")

    Else

        events.AddItem ("写卡失败")

    End If

End If

End Sub
```

5. 读取按钮编程

每按下按钮一次，执行一次读卡操作，并将读卡的结果以卡的数据显示在文本框中，当没有卡时，显示读卡出错信息。

```
Private Sub Command2_Click()

    Dim ret As Integer

    Dim devAddr As Integer

    Dim asnr(20) As Byte

    Dim aRecvBuffer(2048) As Byte

    Dim str As String

    '设备地址如果只有一个

    devAddr = myVal(number.Text)

    '一个指针传递6个字节的秘钥

    ret = hexToBin(readkey.Text，asnr)

    '选择读取模式、读取开始的位置和读取的块数

    ret = API_PCDRead(com, "00", &OO, 10, 1, asnr(0), aRecvBuffer(0))
```

```
If ret = 0 Then
    events.AddItem("读卡成功..")
events.AddItem("卡的序列号是： " + strByHex(asnr， 4))
events.AddItem(CStr(Now) + " 读卡数据为：")
events.AddItem(strByHex(aRecvBuffer， 1 * 16))
Else
If ret = Null Then
    events.AddItem(CStr(Now) + " 读卡出错，无数据接收...:")
End If
End If
```

第四章　温湿度检测技术

第一节　纺织企业温湿度问题

一、引言

纺织温湿度控制在纺织生产过程中起着重要的作用。目前，我国纺织企业温湿度控制使用空调控制，总的要求和功能是一致的，既能使车间的温湿度保持在所要求的范围内，又能使车间的飞花和尘埃含量控制在允许限度内，同时要保持足够的新鲜空气补入车间，以利于操作人员的身体健康。纺织厂是高能耗的企业，而纺织空调用电约占全厂用电的15%～25%，是用电量较大的一块。纺织空调系统的节能不仅可以降低能源消耗，增加经济效益，还可以保护环境，减少大气污染。

（一）温湿度的角色

在人类的生活环境中，温度扮演着极其重要的角色。无论你是在纺织行业工作，还是从事其他任何工作，无时无刻不在与温度打着交道。自18世纪工业革命以来，工业发展与是否能掌握温度有着绝对的联系。随着信息产业的发展及工业化的进步，温度和湿度不仅仅直接或间接影响着人类基本生活条件，还表现在对于生物制品、医药卫生、科学研究、国防建设等方面的影响。温度是工业生产中常见的被控参数之一。早期温度控制主要应用于工厂中。例如，钢铁的熔化温度，不同等级的钢铁要通过不同温度的铁水来实现，这样就可能有效地利用温度控制来掌握所需要的产品了。

从食品生产到化工生产，从燃料生产到钢铁生产等，无不涉及对温度的控制，可见温度控制在工业生产中占据着非常重要的地位。随着工业生产的现代化，对温度控制的速度和精度也会越来越高。

工业、农业、医学及环保等部门都与温度有着密切的关系。在冶金、钢铁、石化、水泥、玻璃、医药等行业，可以说几乎所有的工业部门都不得不考虑温度的因素。

随着电子技术的发展和生产的要求，需要进行温度采集的场合越来越多，准确方便地测量温度变得非常重要。目前，国内外对于温度监控的研究和应用已非常普遍。工业生产中有些场合需要使用精密的机台设备，这些设备的精密度高、价格高，因此为了保证产品的质量及机台的使用寿命，对其环境的要求也很高，尤其的是对温度、湿度的控制。

例如，在生产发光二极管LED的工业现场，前面的两道工序固晶片和焊线要求的精度非常高，晶片必须固定到碗杯的中心点，偏差不可超过1/5晶片的宽度，且对胶量的控制也有严格的要求，只有这道工序做好了，下一个工序焊线才会顺利，否则焊线将会出现很多异常，不仅会降低产量也会造成质量问题，因此要求每三个小时记录一次室内的温湿度，且要保证其温度在18～23℃之间，湿度不可超过60%。

在现代社会中，温度控制不仅应用在工厂生产中，其作用也体现到了各个方面。随着人们生活质量的提高，酒店、厂房及家庭生活中都会见到温度控制的影子，温度控制将更好地服务于社会。

针对以上情况，研制可靠且实用的温湿度控制器显得非常重要。常用温湿度传感器的非线性输出及一致性较差，使温湿度的测量方法和手段相对较复杂，且给电路的调试带来很大的困难。传统的温湿度测量多采用模拟小信号传感器，不仅信号调节电路复杂，且温湿度值的标定过程也极其复杂，并需要使用昂贵的标定仪器设备。因此对于温湿度控制器的设计有着很大的现实生产意义。

现在已经有很多家庭都会在室内安装温度采集系统，其原理就是利用无线技术采集室内温度数据，并依据室内温度情况进行遥控通风等操作，自动调节室内温度，可以更好地改善人们的居住环境。

（二）目的

温湿度控制的目的是排除室内外空气环境因素的干扰，使车间内的空气保持一定的温度和湿度等，以确保工人操作正常，提高设备的生产率，并为工作人员提供舒适的工作环境。

（三）任务

采用人工或自动控制的方法，创造和保持一种既能满足生产工艺需要，又能使人感到舒适的环境。

二、传统温湿度检测

传统的温度和湿度检测系统主要有以下几种。

（一）水汽压（e）

水汽压是水汽在大气总压力中的分压力。它表示了空气中水汽的绝对含量的大小，以毫巴为单位。

（二）相对湿度（RH）

湿空气中实际水汽压e与同温度下饱和水汽压E的百分比，相对湿度的大小能直接表示空气距离饱和的相对程度。空气完全干燥时，相对湿度为零。相对湿度越小，表示当时空气越干燥。当相对湿度接近于100%时，表示空气很潮湿，接近于饱和。

（三）露点（或霜点）温度

指空气在水汽含量和气压都不改变的条件下，冷却到饱和时的温度。

（四）干湿球温度表

用一对并列装置的、形状完全相同的温度表，一支测气温，称干球温度表，另一支包有保持浸透蒸馏水的脱脂纱布，称湿球温度表。

（五）毛发湿度表（计）

利用脱脂人发（或牛的肠衣）具有空气潮湿时伸长、干燥时缩短的特性，制成毛发湿度表或湿度自记仪器，它的测湿精度较差，毛发湿度表通常在气温低于−10℃时使用。

（六）电阻式湿度片

利用吸湿膜片随湿度变化改变其电阻值的原理，常用的有碳膜湿敏电阻和氯化锂湿度片两种。前者用高分子聚合物和导电材料碳黑，加上黏合剂配成一定比例的胶状液体，涂覆到基片上组成的电阻片；后者是在基片上涂上一层氯化锂酒精溶液，当空气湿度变化时，氯化锂溶液浓度随之改变从而也改变了测湿膜片的电阻。

（七）薄膜湿敏电容

以高分子聚合物为介质的电容器，因吸收（或释放）水汽而改变电容值。它制作精巧，性能优良，常用在探空仪和遥测中。

三、温湿度与生产过程的关系

（一）对人体健康的影响

人在正常体温（约37℃）时，才能健康地生活和工作。假如高于或低于正常体温，人就会生病或不能愉快地胜任工作。人体产生的热量的多少，主要是劳动强度决定的，劳动强度越大，人体产生的热量越多，需要散发出的热量亦越多。在达到平衡时，才能保持正常体温。气温是在不断地变化的，当气温低时，人体散失热量大于产生热量，就会感到寒冷。如果这时空气又潮湿，由于潮湿空气的导热性能和吸收辐射热的强度较大，因此就会感到阴冷。如果气温很高，则由于人体与环境温差的减小，造成散失热量小于产生热量，人就会感到热，这时主要依靠汗水的蒸发来散热。所以周围环境的空气状态对人体健康有很大的关系。除温、湿度外，空气的流动速度，空气的清洁度、新鲜度和噪声等也会影响人体的健康。

我国规定纺织企业生产车间春秋冬三季的温度应保持在20~28℃为宜，夏季细纱、布机车间最高平均温度不超过30~32℃，相对湿度最低不小于45%，最高不大于80%。

1. 温度的影响

空气环境与人体之间存在一定的平衡关系（热量平衡），若平衡破坏，影响人的心理及人体健康。人体与环境热交换的途径有传导、对流、辐射、汗液蒸发、肺呼吸。

2. 湿度的影响

湿度大，导热性好。夏天，不利于汗液的挥发，人体会感到闷热；冬天，传热量大，人体会感到阴冷。

3. 速度的影响

空气流速大，蒸发快。例如，夏季细纱车间的温度比织造车间高，可是工人感到细纱车间较凉爽和舒适。

4. 空气环境与人体健康

（1）热平衡方程式。空气环境和热量的关系为：

$$Q=M±K±C±R-E \qquad\qquad （4-1）$$

式中：Q——积热；

$\quad\quad\ M$——代谢热；

$\quad\quad\ K$——传导热；

$\quad\quad\ C$——对流热；

$\quad\quad\ R$——辐射热；

$\quad\quad\ E$——汗液挥发散热。

$Q>0$时，余热蓄积，体温上升；$Q<0$时，体温下降；$Q=0$时，正常。M值的大小主要取决于人的活动量和劳动强度。随着环境温度的增加，人体的散热量减小散湿量增加。

人的体表温度标准值为34℃，当环境温度小于34℃时，人体通过K传导、C对流、R辐射、E汗液挥发而散热；当环境温度大于34℃时，汗液蒸发成为人体散热的唯一方式。

低温、潮湿条件下，R、K、C很小，E值增大，可借助提高空气流速的方法来达到出汗散热的目的，如电风扇。另外，人体的中枢神经系统具有体温调节机能，但在极端条件下，正常体温条件遭到破坏，会出现不良症状，如冻伤、中暑等。

（2）实感温度。某一空气条件与标准空气条件的感觉相同时标准空气对应的温度。

（3）舒适环境条件。夏季：26～28℃；冬季：18～22℃。

（二）对纤维性能的影响

1. 影响产品质量与产量的因素

影响纺织厂产品质量与产量的五大因素包括原料、工艺设计、机械状态、运转操作、温湿度管理（空气调节）。纤维材料能吸收水分，不同结构的纺织纤维，其吸收水分的能力是不同的。通常把纤维材料在大气中吸收或放出气态水的能力称为吸湿性。纺织纤维的吸湿性是关系到纺织加工工艺、纤维性能、织物服用舒适性以及其他力学性能的一项重要指标。纤维的亲水集团、比表面积和结晶度等因素共同决定了纤维的吸湿性。

2. 温湿度对纤维回潮率的影响

纤维吸湿能力即回潮率，影响纤维的重量、强力、导电性等物理性能，从而影响工艺及使用性能。影响回潮率的因素：内因即纤维亲水性、结晶度、纤维内孔隙等；外因即温度、湿度、放置时间等。温度与回潮率的关系，一般情况下，若相对湿度不变，纤维的吸湿性随温度的增大而降低。在平衡条件下，纤维的吸湿性随温度的增高而降低，故高温时，可适当提高一些相对湿度。

如图4-1所示，当温度相同时，空气的湿度不同，纤维的回潮率亦不同，湿度增大，则纤维的回潮率亦增大，湿度减小，纤维的回潮率亦减小。

对原料的影响，如棉纤维的外表和主体层都有吸水基团羟基—OH、羧基—COOH和酰胺—CONH，纤维的细胞腔和纤维之间都能储存水分，具有敏感的吸湿性能。含湿量的高低影响着纤维的强力、摩擦系数、导电性能、开松与除杂效能，会直接或间接影响纤维的可纺性能和产品的质量。

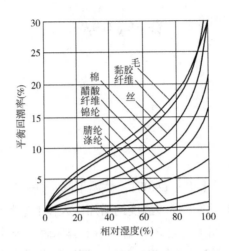

图4-1 相对湿度与纤维平衡回潮率的关系

3. 温湿度对纤维强力的影响

在一般室温变化条件下对纤维强力影响较小。一般来说，温度高时，纤维分子运动能量增大，减弱了某些区域纤维分子间的引力，因而拉伸强度降低。实验结果表明，温度每升高1℃，纤维强力约减少0.3%。

相对湿度影响着纤维的长链分子排列情况，湿度对纤维强力的影响因纤维不同而有异。大分子聚合度高的纤维，随着相对湿度的提高，纤维的长链分子趋于整齐排列，就能更好地承受外力负荷，因能增进和改善长链分子的整列度而增加强度。如图4-2所示，湿度增加时，亚麻、棉纤维强度增加。棉纤维在相对湿度为60%~70%时，其强力比干燥状态下提高50%左右；若相对湿度80%以上，则强力增加就很少。相反，湿度增大时，毛、丝、黏胶纤维的强度下降。因为黏胶纤维的大分子聚合度较低，纤维在湿度增大时，会促使纤维长链分子间起滑移作用，减弱了大分子之间的结合力而降低强度。

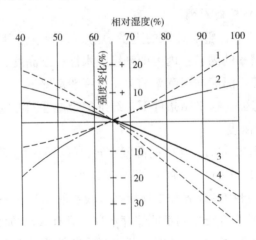

图4-2 相对湿度与纤维强力的关系

1—亚麻 2—棉 3—锦纶 4—毛和丝 5—黏胶

4. 温湿度对纤维伸长的影响

纤维的伸长率指纤维受拉伸后纤维增加的长度与原来长度的百分比，其伸长原因是纤维分子的相对位移，如羊毛吸湿后比棉麻等天然纤维更易伸长。一般情况下，相对湿度增大，纤维材料大分子键间的氢键被消弱，大分子间的滑动能力变强，容易产生相对位移，纤维的伸长率也随之增加。当然在一相对湿度下，各类纤维的伸长率不同，羊毛、丝、黏胶纤维尤甚，棉、麻次之，合纤影响较小。温度每上升1℃，其伸长度增加0.2%～0.3%。

5. 温湿度对纤维柔软性的影响

对一般纤维，其温度提高，柔软性有所改善。温度过低，棉蜡硬、脆，使纤维失去柔软性；温度过高，棉蜡的极度软化，使纤维不易牵伸，造成条干不匀和断头率增加。棉纤维由于棉腊的存在，在20～27℃时，其受机械处理的效果最好。

一般情况下，湿度增大，纤维的硬度和脆性降低，柔软性提高。例如，棉纤维因含有棉蜡的影响，当纤维吸湿后，这些杂质水解，使纤维柔软。并且纤维吸湿后，增大了分子间的距离，降低纤维的脆性和硬度，从而改善了纤维的柔软性能。

6. 温湿度对纤维导电性的影响

棉纤维是电的不良导体，加工时与机械表面或纤维摩擦产生静电，使纤维吸附在机件表面，阻碍纤维牵伸、梳理、卷绕过程顺利进行，影响成纱质量。对于如棉、毛、丝、麻、黏胶纤维这样具有一定吸湿性的纤维，湿度增大，可以提高纤维回潮率，纤维吸湿后，使纤维的比电阻下降，导电性增强，减缓静电现象，易消除静电对工艺的影响，减少绕胶辊、绕罗拉等现象。温度升高，纤维导电性会相应增强，但温度过高棉蜡融化，易发生绕胶辊、绕罗拉的现象，影响生产。对合纤来说，加抗静电剂，混纺温度提高，其导电能力会相应增加。

7. 湿度对纤维体积的影响

纤维材料吸湿后，体积增大，横截面和长度方向都会膨胀，并且横向膨胀率远远大于长度方向膨胀率。根据纤维材料的不同，这种明显的各向异性也有所差别。

8. 湿度对纤维质量的影响

纤维吸湿后，它的重量随着吸收水分的增加而成比例地增加。

9. 湿度对纤维密度的影响

随着回潮率的增大，纤维的密度有着先增大后减小的趋势。这是由于回潮率小时，纤维吸湿后增加的体积小于吸收的水分子的体积，会使密度有所增大；而回潮率变大后，纤维迅速膨胀，则纤维密度反而会减小。

10. 湿度对纤维摩擦性能的影响

纤维吸湿后，塑性变形增加，摩擦系数有所增大。

（三）对纺纱工艺的影响

纺纱工艺流程中各部位工艺参数的设计，包括了温湿度在内的因素。车间温湿度在时间上的差异或车间内区域性的差异都会影响工艺参数的适应性。空气的温湿度对纺织工艺影响很大，温湿度与纤维强伸度、导电性、柔软性、回潮率等有密切关系。在纺织过程中，对温湿度有着严格的要求。车间温湿度在时间上波动和区域间差异虽很难做到绝对不变，但要求尽量做到差异不对加工工艺产生负面影响。棉纺织厂各车间温湿度控制如下。

1. 清棉车间

清棉车间的相对湿度一般较低，便于开松、除杂。若湿度过高，则原棉与半制品回潮率趋高，纤维间的抱合力和摩擦系数增大会影响清花的开松和除杂效能，则在清棉工艺上必须增加开松点，调整相关部件的速度与隔距，以加强开松和除杂作用。若湿度过低，则工艺上必须采取相反调整措施。原棉含水率与棉卷质量关系很密切。一般来说，5～8月间高湿期，清花除杂效率呈下降趋势。车间相对湿度过低时，虽有利于开松和除杂，但在开松过程中，损伤纤维，对成纱条干不利，棉结增加。

2. 梳棉车间

棉卷在梳棉车间要放湿，使生条呈内湿外干状态。棉卷回潮率和相对湿度过高时，纤维间的抱合力和摩擦系数增大，棉卷粘层，分梳困难，不易除杂，棉结增加，棉网剥取困难，或棉网下坠易出破洞，甚至发生棉网缠绕锡林、道夫、轧辊现象等。反之，如果棉卷回潮率和梳棉车间相对湿度过低，则在梳理过程中损伤纤维，增加短绒，造成棉结，棉网飘浮易破裂，产生纤维的"干三绕"（绕胶辊、罗拉、压辊及其他相关部件）。这些异常现象都会影响条干均匀度和引起棉结杂质增加。

在配棉品级不变，原棉含杂率不变的情况下，生条、细纱的棉杂和布面的疵点增加一般均同季节性变化有关，在5～8月高湿季节疵点偏高。

3. 并条车间

并条是增加纤维的柔软性和纤维的抱合力，获得均匀条干，使纤维呈吸湿状态，以利于牵伸。所以并条车间的相对湿度宜略高于梳棉车间。但湿度偏高时会产生纤维"湿三绕"；湿度偏低时，会产生静电，而发生"干三绕"，这都会影响条干的均匀。并条工程的主要任务之一是降低纱条的重量不匀率。如果发现经过两道并条后的熟条其长片段的均匀度仍达不到理想要求时，主要原因仍要追溯到原棉和棉卷回潮率的波动差异原因上去。

4. 粗纱车间

粗纱工序需要增强纤维的抱合力，粗纱获得比较稳定和均匀的捻度，增加强力，降低粗纱伸长率和伸长差异，从而便于提高罗拉对纤维的控制力，纤维在牵伸过程中伸直平行，防止静电、飞花及意外牵伸，要求相对湿度较大，一般粗纱间相对湿度亦应略高于梳棉车间。温湿度影响罗拉牵伸中的牵伸力和牵伸效率，随湿度的变化应该调整部分牵伸张力、粗纱捻度、罗拉隔距及罗拉加压。

当车间相对湿度和纱条回潮率偏高时，纤维间的抱合力和粗纱的强力增加。此时，粗纱单根的弹性相对减小，粗纱在筒管上卷绕紧密坚实。径向卷绕密度增大，粗纱的张力伸长率相应降低，纺出的粗纱定量偏重。反之，当车间相对湿度和纱条回潮偏低时，则纤维间的抱合力和粗纱的强力减弱，粗纱的单根弹性相对增加。粗纱在筒管上卷绕疏松，径向卷绕密度减小，粗纱的强力、伸长率增大，纺出的粗纱定量便偏轻。粗纱伸长率的大小均随季节波动而受到影响，在5～8月高湿季节偏低，干燥季节偏高。

第四章
温湿度检测技术

温湿度对粗纱的影响，除前工序的影响以外，主要是温湿度在时间上的波动和区域间的差异，使粗纱的张力伸长率发生在时间上的波动和区域间的差异。一般情况下，条粗工序的相对湿度区域差异超过5%，则粗纱伸长率会有不同结果，造成不同区域的机台所纺出的粗纱伸长率及其定量亦有差异，称为系统性的差异。这种差异必然会导致细纱重量偏差波动和重量不匀率恶化。实践证明，每当粗纱工序相对湿度和粗纱回潮率发生一定幅度的波动时，便会出现细纱重量偏差的波动。

5. 细纱车间

细纱工序应使粗纱纤维在细纱车间呈放湿状态。细纱车间相对湿度低有利于在牵伸过程中纤维运动稳定，获得均匀的条干，所以要求相对湿度偏小控制。细纱车间应比并粗车间相对湿度小些。

相对湿度过高时可造成纤维的"湿三绕"，且牵伸力增加，牵伸困难，牵伸不良，甚至出硬头；纱线与钢丝圈之间以及钢丝圈与钢领之间的摩擦力增加造成飞圈，断头率高，罗拉、胶圈表面附着飞花，造成粗节纱多、条干不匀；同时胶辊发黏，绕胶辊影响生产，增加工人的劳动强度。同时适当的相对湿度，具有对静电的诱释作用，防止纤维的静电"干三绕"。相对湿度偏高、偏低都会增加断头和再接头等纱疵。

细纱工序温湿度的区域差异是引起细纱重量不匀率恶化的因素之一。细纱工序温湿度的区差是不可能避免的，但这种区差要控制在一定限度以内。

6. 对络筒工序的影响

络筒工序要求保持一定的相对湿度，是为了保证并增加纱线的强力和回潮率，有利于清除纱疵，使纱线表面光滑，减少纱线断头。若相对湿度过小，筒子变重，纱线吸湿伸长，不易除杂，机件表面沾附飞花且易生锈；若相对湿度过小，会造成纱线强力下降，断头多。

7. 温湿度控制范围

不同的纺纱车间（纯纺、混纺、毛纺、绢纺、麻纺），其温湿度控制范围是不一样的。棉纺纱工序的温湿度控制范围见表4-1。

表4-1 棉纺纱工序温湿度控制范围

车间	冬季		夏季	
	温度（℃）	相对湿度（%）	温度（℃）	相对湿度（%）
清棉	20～22	50～60	31～32	55～60
梳棉	22～25	50～60	31～32	55～60
精梳	22～24	60～65	28～20	60～65
并粗	22～24	60～65	30～32	60～65
细纱	24～26	50～55	30～32	55～60
并捻	18～26	65～75	31～32	65～75
络筒	20～22	60～70	31～32	65～75

121

（四）对织造工艺的影响

1.对浆纱工序的影响

在上浆和织造时要严格控制回潮率和温度，否则会影响上浆率和上浆效果。在浆纱车间回潮率大，织轴容易发霉损坏；若回潮率小则会使纱线发脆而强力降低，断头增加，不利于织造过程的顺利进行。

2.对织造工序的影响

织造准备及织造车间的相对湿度一般较纺部要高，以降低断头率。

3.温湿度控制范围

棉织工序的温湿度控制范围见表4-2。

表4-2 棉织工序温湿度控制范围

车间	冬季		夏季	
	温度（℃）	相对湿度（%）	温度（℃）	相对湿度（%）
浆纱	20～25	<75	<35	<75
穿筘	18～22	60～70	31～32	65～70
织造	22～24	68～78	29.5～30.5	68～80
整理	18～22	55～65	31～32	60～65

（五）对熨烫工艺的影响

熨烫温度能改变织物纤维内部结构，使其重新排列，也能促使织物残留水分迅速蒸发，因此，熨烫过程中温度的控制是非常重要的。温度太低，达不到衣物定型的目的；温度过高，纤维容易发黄，甚至炭化分解。

在不同温度下，纤维的内部结构和性质具有一定的变化规律，合理利用这种规律对于纤维的加工和处理有指导意义。纤维材料的热力学状态有三种，分别是玻璃态（glass state）、高弹态（high-elastic state，rubber state）和黏流态（viscous flow state）。玻璃态：纤维处于低温状态时，表现出强力、拉伸模量高，形变小等性质，是由于低温状态时纤维内部大分子热运动的能量较低，此时纤维有类似玻璃的力学特征。高弹态：随着温度升高至玻璃化温度后，纤维的拉伸模量明显变大，容易产生形变，此时纤维有类似橡胶的力学性质。黏流态：当温度上升到熔融温度后，纤维内部大分子的热运动克服了分子间的作用力，大分子间产生相对滑移，纤维呈液体状态。

热稳定性是指纤维材料在一定温度条件下，随着时间的增加纤维抵抗性能恶化的能力。通常，化学纤维的热稳定性较好，纤维素纤维其次，蛋白质纤维的热稳定性较差。热定型是指纤维材料在热的作用下，通常以加热、冷却的方法切断大分子间的联系，使其应力松弛再进行重组，从而达到定型的目的。从热处理的时间来看，热定型可分为永久定型和暂时定型；从定型介质来看，热定型又可分为干热定型和湿热定型。

常见服装面料的适宜熨烫温度见表4-3。

表4-3　织物纤维适宜的熨烫温度

纤维名称	直接熨烫温度（℃）	垫干布熨烫温度（℃）	垫湿布熨烫温度（℃）	纤维分解温度（℃）
棉	175～195	195～220	220～240	150～180
麻	185～205	200～220	220～250	150～180
桑蚕丝	165～185	190～200	200～230	130～150
羊毛	160～180	185～200	200～250	130～150
柞蚕丝	160～180	190～200	200～220	130～150
黏胶纤维	160～180	190～200	200～220	150～180
涤纶	125～145	160～170	190～220	
维纶	125～145	160～170	180～210	
腈纶	115～135	150～160	180～210	
丙纶	85～105	140～150	160～190	
氯纶	45～65	80～90	不可	

　　另外，有关温湿度对针织工艺、非织造布工艺、染色工艺等的影响方面的知识点，请参考相关资料。

四、温湿度的表征与测量

（一）温湿度的表征

　　温度是表示空气冷热程度的标尺，温度反映了物体分子运动的激烈程度，是分子平均动能的宏观表现。温度的表示方法有两种，即两种"温标"，绝对温标T，单位：K；摄氏温标t，单位：℃，两者之间的关系为：

$$T=t+273.15 \tag{4-2}$$

　　湿度是表示空气潮湿程度的物理量，常用表示方法有绝对湿度、含湿量、相对湿度。绝对湿度是指每立方米湿空气中所含水蒸气的质量克数（g/m^3），用γ_q表示。含湿量是指内含1kg干空气的湿空气所含水蒸气的质量，用d表示。绝对湿度和含湿量都是表示空气中含有水蒸气的参数，却不能表示空气的潮湿程度，因为空气的潮湿程度不仅与实际含有的水气量有关，而且还和空气的温度有关，要确切地表示空气潮湿程度，必须用相对湿度。所谓相对湿度是指空气中水蒸气分压力与相同温度下饱和水蒸气中水蒸气分压力的比值，以百分数φ（%）表示。

（二）温湿度的测量

　　温度是空气调节中经常测量的重要参数之一，测量温度的仪表，叫温度计。测量原理：利用某些测温物质（水银、酒精、双金属片、热电阻、热电偶等）的物理性质随温度的变化而变化（如膨胀性、热电效应、电阻变化）来进行测量。例如，水银温度计、酒精温度计、双金属片温度计、热电阻温度计、热电偶温度计。其中用得较多的是水银温度计和酒精温度计。水银温度计量程大、精度高，缺点是灵敏度低，热惰性大，不能遥测；酒精温度计不能超过70℃，测量精度小。

　　湿度测量时常用测量仪表为普通干湿球温度计、通风式干湿球温度计、毛发湿度计和电阻湿度计。

第二节　温湿度测量系统

一、项目要求

　　近十几年来，单片机发展十分迅速，一个以微机应用为主的新技术革命浪潮正在蓬勃发展，单片机已经渗透到工业、农业、国防、科研以及日常生活等各个领域。传统的温度采集的方法不仅费时，而且精度差，满足不了各行业对于温度数据高精度，设备高可靠性的需求。单片机的出现使得温度数据的采集和处理得到了很好的解决。选择适当的单片机和温度传感器以及前端处理电路，可以获得较高的测量精度，不但方便快捷，成本低廉，省事省力，而且大幅度提高了测量精度。

　　（1）设计一套数字温度计。

　　（2）温度监测范围：室温～125℃。

　　（3）成品的体积要小，质量尽可能轻巧。

　　（4）可以人工设定报警温度上下限定值。

　　（5）超过温度限定值时蜂鸣器报警和发光报警。

　　（6）温度值用显示屏显示。

二、系统总体设计方案

（一）数据采集方案

1. 通用微型计算机采集系统

　　将采集信号通过外部采样和A/D转换后的数字信号通过接口电路送入微机内进行处理，然后再显示处理结果或经过D/A转换输出，主要有以下几个特点。

　　（1）系统较强的软硬件支持。通用微型计算机系统所有的软硬件资源都可以用来支持系统进行工作。

　　（2）具有自开发能力。

　　（3）系统的软硬件的应用配置比较小，系统的成本较高，但二次开发时，软硬件扩展能力较好。

　　（4）在工业环境中运行的可靠性差，对安放的环境要求较高；程序在RAM中运行，易受外界干扰破坏。

2. 单片机的数据采集系统

　　方案一：采用8位单片机作为主要的控制芯片。8位单片机具有价格比较便宜，并且技术比较成熟，低功耗，易于购买等优点；但是8位机程序执行速度比较慢，内部资源比16位单片机少很多。

方案二：采用FPGA（现场可编程阵列）作为系统的控制器。FPGA可实现各种复杂的逻辑功能，规模大，密度高，它将所有的器件集成在一块芯片上，减小了体积，提高了稳定性。并可用EDA软件仿真、在线调试，易于进行功能扩展，响应速度快。但其价格高，同时由于引脚较多，电路板的布线比较复杂，加重了电路设计和实现焊接的工作。它是由单片机及其外围芯片构成的数据采集系统，是近年来微机技术快速发展的结果，它具有如下特点。

（1）系统不具有自主开发能力，因此，系统的软硬件开发必须借助开发工具。

（2）系统的软硬件设计与配置规模都是以满足数据采集系统功能要求为原则，因此系统的软硬件应用配置具有最佳的性价比。系统的软件一般都有应用程序。

（3）系统的可靠性好，使用方便。应用程序在ROM中运行不会因外界的干扰而破坏，而且通电后系统立即进入用户状态。

方案三：基于DSP数字信号微处理器的数据采集系统，DSP数字信号微处理器从理论上而言就是一种单片机的形式。常用的数字信号处理芯片有两种类型，一种是专用DSP芯片，一种是通用DSP芯片。基于DSP数字信号微处理器的数据采集系统精度高、灵活性好、可靠性好、容易集成、分时复用等，但其价格不菲。

3. 混合型计算机采集系统

这是一种近年来随着8位单片机出现而在计算机应用领域中迅速发展的一种系统结构形式。它是由通用计算机（PC机）与单片机通过标准总线（例如RS-232C标准）相连而成。单片机及其外围电路构成的部分是专为数据采集等功能的要求而配置的，主机则承担数据采集系统的人机对话、大容量的计算、记录、打印、图形显示等任务。混合型计算机数据采集系统有以下特点。

（1）通常具有自开发能力。

（2）系统配置灵活，易构成各种大中型测控系统。

（3）主机可远离现场而构成各种局域网络系统。

（4）充分利用主机资源，但不会占有主机的全部CPU时间。

（二）温度采集模块

方案一：使用热敏电阻作为传感器。用热敏电阻与一个相应阻值电阻相串联分压，利用热敏电阻阻值随温度变化而变化的特性，采集这两个电阻变化的分压值。

温湿度信号的采集为模拟信号，而单片机接收的为数字信号，因此需要进行A/D转换，在需要进行多路A/D转换时，目前常采用多通道A/D转换器，如ADC0809、AD574等。这些转换器多为8通道，电路较为复杂。如果只需完成单个通道8位转换，且速度要求不高时，采用TLC549是一种较好的选择。TLC549是单通道的A/D转换芯片，8位开关电容型逐次逼近模数转换器，它具有三个控制输入端，采用简单的三线串行接口可方便地与微处理器进行连接，且价格适中，是作为A/D转换的最佳选择器件之一。

在温度传感器的选择上，AD590精度高、价格低、不需辅助电源、线性好，集成温度传感器AD590是美国模拟器件公司生产的集成两端感温电流源，通过对电流的测量可得到所需要的温度值。湿度传感器是采用了HIH-3610相对湿度传感器，它是一种热固聚酯电容式传感器。采集到的相对湿度信号再进行适当的放大，经过A/D转换送至单片机，实现相对湿度的显示与控制。

此设计方案需用到差分放大器放大和A/D转换电路，增加了线路的复杂程度，增加硬件成本，编程复杂，而且热敏电阻的感温特性曲线并不是严格线性的，会产生较大的测量误差。

方案二：采用数字温度传感器DS18B20，数字温度输出通过1-Wire总线，又称为"一线"总线。这种独特的方式可以使多个DS18B20方便地组建成传感器网络，为整个测量系统的建立和组合提供了更大的可能性。它在测温精度、转换时间、测量距离、分辨率等方面比其他温度传感器有了很大的进步，给用户带来了更方便的使用和更令人满意的效果。

DS18B20直接输出数字温度值，不需要校正。使用DS18B20线路简单，编程容易，具有耐磨耐碰、体积小、使用方便、经济实惠的优点。它能代替模拟温度传感器和信号处理电路，直接与单片机沟通，完成温度的采集和处理。

（三）温度采集系统

本系统主要由五个模块组成，即主控制器、测温电路、显示电路、报警电路和电源模块。

（1）主控制器。单片机是主控制器的主要组成部分，其中还包括晶振电路和复位电路。

（2）测温电路。利用温度传感器DS18B20完成温度的采集和数据的处理。

（3）显示电路。显示当前所测得的温度。

（4）报警电路。当温度超过所设上下限时，蜂鸣器报警。

（5）电源模块。提供电源。

作为实验系统，设计时可以考虑采用多种传感器，温度采集及报警系统结构框图如图4-3所示。而在实际使用时，通常以DS18B20监测温度，采用STC89C52或Arduino单片机作为主控芯片。DS18B20将温度信号转化成电信号，送至单片机来处理，单片机又将温度信号处理，并通过数码管将温度值显示出来。同时程序可以设定上下限报警温度。

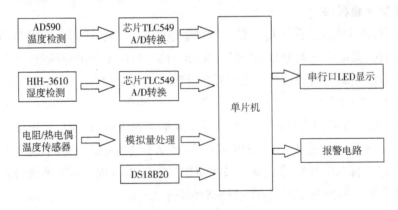

图4-3　系统总体框图

本设计由信号采集、信号分析和信号处理三个部分组成。

①信号采集。由AD590、HIH-3610及多路开关CD4051组成。

②信号分析。由A/D转换器TLC549芯片、单片机AT89S52基本系统组成。

③信号显示。由串行口LED显示器和报警电路组成。

三、硬件功能实现

（一）系统调试

在完成硬件电路的焊接后。首先将接收端STC89C52单片机烧入1602显示程序，检验1602液晶显示有没有问题。再将其中一片STC89C52与四位数码管及温度传感器DS18B20相连，写入测量温度的程序，测试DS18B20部分硬件及软件部分是否好使。最后将显示程序和温度检测程序整合，检测系统是否能将发送端的温度值测量出来发送到接收端，并在数码管上显示出来。

（二）调试结果

本系统采用的是单点通信传输温度数据。温度采集端采集温度并发送至接收端，由LCD显示当前温度。当采集端传输数据时，信号指示灯闪烁；接收端接收数据时信号指示灯亦闪烁。如果将温度上下限调为10~30℃时，LCD显示当前监测到的温度，如图4-4所示。

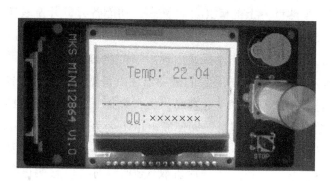

图4-4　数据显示在LCD上

第三节　关键元器件及软硬件设计

一、单片机概述

（一）单片机的发展

单片机是系统的控制核心，所以单片机的性能关系到整个系统的好坏。因此单片机的选择，对所设计系统的实现以及功能的扩展有着很大的影响。单片机又称"MCU"，其发展历程主要经历了以下五个阶段。

第一阶段：单片机的探索阶段。这一阶段以Intel公司的MCS-48为代表。MCS-48的推出是在工控领域的探索，参与这一探索的公司还有Motorola、ZiLong等，都取得了满意的效果。

第二阶段：单片机完善阶段。Intel公司在MCS-48基础上推出了完善的、典型的MCS-51单片机系列，现在仍在使用的有AT8S951、STC15F等单片机。它在以下几个方面奠定了典型的通用总线单片机体系结构。

（1）完善的外部总线。设置了经典的8位单片机的总线结构。

（2）CPU外围功能单元的集中管理模式。

（3）体现工控特性的位地址空间、位操作方式。

（4）指令系统趋于丰富和完善，并且增加了许多突出控制功能的指令。

第三阶段：8位单片机巩固发展及16位单片机推出阶段，也是向微控制器发展的阶段。Intel公司推出的MCS-96系列单片机中，将一些用于测控系统的模数转换器、程序运行监测器、脉宽调制器等纳入片中，体现了单片机的微控制器特征。

第四阶段：微控制器的全面发展阶段。随着单片机在各个领域全面深入的发展和应用，出现了高速、大寻址范围、强运算能力的8位、16位、32位通用型单片机，以及小型廉价的专用型单片机。

第五阶段：即现行阶段。单片机的首创公司Intel将其MCS-51系列中的80C51内核使用权以专利互换或出售形式转让给世界许多著名IC制造厂商，如Atmei、Philips、NEC等，这样80C51就变成有众多制造厂商支持的发展出上百种品种的大家族，现统称为8051系列，也有人简称为51系列。虽然世界上的MCU品种繁多，功能各异，开发装置也互不兼容，但是客观发展表明，80C51系列单片机已成为单片机发展的主流。在单片机家族中，80C51系列是其中的佼佼者。1998年以后，单片机又出现了一个新的分支，称为系列单片机。这种单片机是由美国Atmel公司率先推出的，它的最突出优点是把快擦写存储器应用于单片机中。这使得在系统开发过程中修改程序十分容易，大大缩短了系统的开发周期。同时，在系统工作过程中，能有效地保存数据信息，即使断电也不会丢失信息。除此之外，AT系列单片机的引脚和80C51是一样的。因此，当用89系列单片机取代80C51时可以直接进行代换，并且也可以不更换仿真机。

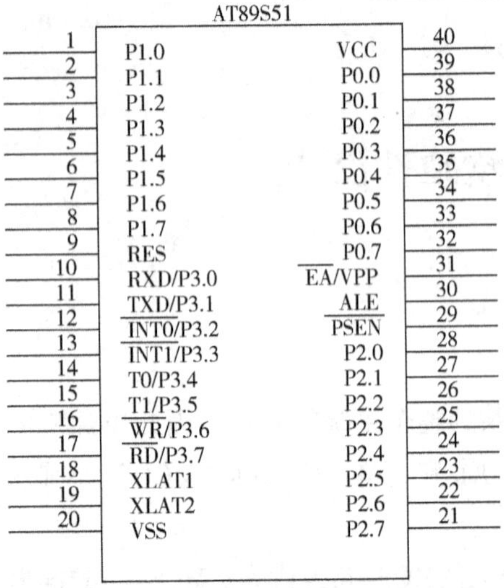

（二）AT89S51单片机

1. AT89S51单片机简介

AT89S51单片机是一种低功耗、高性能CMOS 8位微控制器，具有4K可系统编程Flash存储器，使用ATMEL公司高密度非易失性存储器技术制造，与工业80C51产品指令和引脚完全兼容，亦适于常规编程器。在单芯片上，拥有灵巧的8位CPU和可系统编程Flash，使其为众多嵌入式控制应用系统提供灵活的解决方案。

AT89S51单片机为40引脚双列直插芯片，如图4-5所示。其有四个I/O口（P0、P1、P2、P3），每

图4-5　AT89S51管脚图

个I/O口都能独立地作输出或输入。AT89S51单片机具有以下标准功能：4K字节Flash，256字节RAM，32位I/O口线，看门狗定时器，两个数据指针，三个16位定时器/计数器，一个6向量2级中断结构，全双工串行口，片内晶振及时钟电路。另外，AT89S51单片机可降至0Hz静态逻辑操作，支持两种软件，可选择节电模式。空闲模式下，CPU停止工作，允许RAM、定时器/计数器、串口、中断继续工作。掉电保护方式下，RAM内容被保存，振荡器被冻结，单片机一切工作停止，直到下一个中断或硬件复位为止。

单片机主控制电路包括单片机、单片机的时钟电路和复位电路，设计中可采用内部时钟电路。单片机内部有一个用于构成振荡器的高增益反相放大器，18引脚XTAL1是放大器的输入端，19引脚XTAL2是放大器的输出端，这两个引脚之间跨接的晶振和微调电容作为反馈元件一起构成一个稳定的自激振荡器。9引脚是单片机的复位输入端，接上电容，电阻及按钮组成手动复位电路。如图4-6所示。

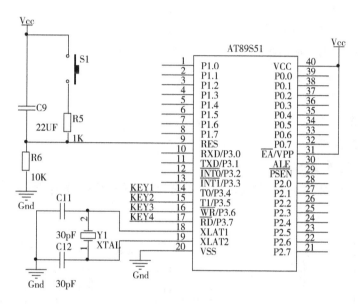

图4-6 单片机复位电路和时钟电路

STC89C51单片机工作电压范围为4~5.5V，所以通常给单片机外接5V直流电源。连接方式为单片机中的40脚VCC接正极5V，而20脚VSS接电源地端。

复位电路是完成单片机工作开始状态，确保单片机启动的过程。单片机在接通电源时会产生复位信号，完成单片机的启动这一过程确定单片机的起始工作状态。单片机系统在运行时，受到外界环境的干扰可能会出现程序错误的情况，按下复位按钮后内部的程序会自动从头开始执行。一般复位包含上电自动复位与外部按键的手动复位。单片机要是在时钟电路的工作以后，在RESET端持续地给出两个机器周期高电平就可以完成复位的操作。系统设计采用的是外部手动按键复位电路，需要接上拉电阻提高输出高电平的值。

时钟电路就是振荡电路，主要是向单片机提供一个正弦波的信号作为基准，决定单片机执行的速度。XTAL1和XTAL2分别为反向放大器的输入和输出，反向放大器可以配置为片内振荡器。如果采用外部时钟源驱动器件，XTAL2应当不接。因为一个机器周期含有6个状态周期，而每个状态周期为2个振荡周期，所以一个机器周期共有12个振荡周期，如果外接石英晶体振荡器的振荡频率为12MHz，那么一个振荡周期是1/12μs。

2. AT89S51主要特性

（1）与MCS-51单片机产品兼容。

（2）4K字节在系统可编程Flash存储器。

（3）1000次擦写周期。

（4）全静态操作：0~33Hz。

（5）三级加密程序存储器。

（6）32个可编程I/O口线。

（7）三个16位定时器/计数器。

（8）八个中断源。

（9）全双工UART串行通道。

（10）低功耗空闲和掉电模式。

（11）掉电后中断可唤醒。

（12）看门狗定时器。

（13）双数据指针。

（14）掉电标识符。

3. AT89S51简单应用

驱动一个指示灯是AT89S51单片机的一个最为简单的应用，其电路构成如图4-7所示。

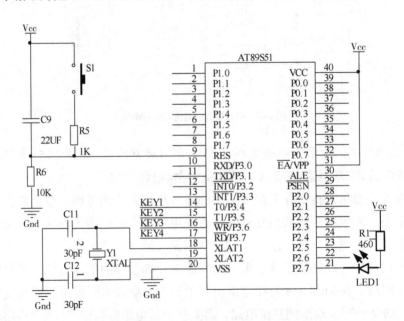

图4-7　AT89S51简单应用

（三）STC15F60S2单片机

1. STC15F60S2单片机简介

STC15F2K60S2单片机是STC生产的单时钟/机器周期（1T）的单片机，是高速、可靠、低功耗、超强抗干扰的新一代8051单片机，采用STC第八代加密技术，无法解密，指令代码完全兼容传统8051单片机，但速度快8～12倍。内部集成高精度R/C时钟（±0.3%），±1%温飘（−40～85℃），常温下温飘±0.6%（−20～65℃）。ISP（In-System Programming）编程时5～35MHz宽范围可设置，可彻底省掉外部昂贵的晶振和外部复位电路内部已集成高可靠复位电路，ISP编程时8级复位门槛电压可选。3路CCP/PWM/PCA，8路高速10位A/D转换（30万次/s），内置2K字节大容量SRAM，2组超高速异步串行通信端口（UART1/UART2，可在5组管脚之间进行切换，分时复用可作5组串口使用），1组高速同步串行通信端口SPI（Serial Peripheral Interface），针对多串行口通信/电机控制/强干扰场合。在KeilC开发环境中，选择Intel8052编译，头文件包含<reg51.h>即可。现STC15系列单片机采用STC-Y5超高速CPU内核，在相同的时钟频率下，速度又比STC早期的1T系列单片机（如STC12系列、STC11系列、STC10系列）的速度快20%。

STC15F60S2的引脚如图4-8所示。

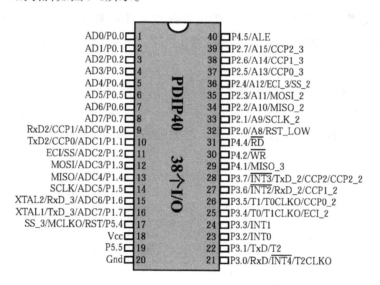

图4-8　STC15F60S2管脚图

2. STC15F60S2单片机主要特性

增强型8051CPU，1T，单时钟/机器周期，速度比普通8051快8～12倍；工作电压：STC15F2K60S2系列工作电压为5.5～4.5V（5V单片机），STC15L2K60S2系列工作电压为3.6～2.4V（3V单片机），8K、16K、24K、32K、40K、48K、56K、60K、61K、63.5K字节片内Flash程序存储器，可擦写次数10万次以上；片内大容量2048字节的SRAM，包括常规的256字节RAM<idata>和内部扩展的1792字节XRAM <xdata>；大容量片内EEPROM，擦写次数10万次以上；ISP/IAP，在系统可编程/在应用可编程，无需编程器，无需仿真器；共8

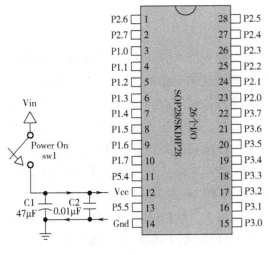

图4-9 单片机最小系统

通道10位高速ADC，速度可达30万次/s，3路PWM还可当3路D/A使用。

STC15F60S2单片机的所有I/O口均可由软件配置成：准双向/弱上拉（标准8051输出模式）、推挽输出/强上拉、高阻输入或开漏输出4种工作类型之一。

管脚图中P0口可以复用为地址（Adress）/数据（Data）总线实用，不是作为A/D转换实用，A/D转换通道在P1口。

3. STC15F60S2最小系统

要使STC15F60S2单片机工作起来最基本的电路构成为单片机最小系统，经过简化后的STC15F60S2最小系统如图4-9所示。

单片机工作电压范围为4.5～5.5V，所以通常给单片机外界5V直流电源。连接方式为单片机中的Vcc接正极5V，而Gnd接电源地端。在Vcc与Gnd之间就近加上电源去耦电容C1和C2，可以去除电源线的噪声，提高系统的抗干扰能力。一般C1选47μF，C2选0.01μF。当单片机的频率较低时，一般C2选0.1μF。电源线宽在30～50mil，接地线宽在100～200mil即可。

STC15F60S2内部已经配置高可靠复位电路，可以彻底省掉外部复位电路，当然使用复位电路也没有错误。

图4-10为要求较高的单片机最小系统。时钟电路就相当于单片机的一个心脏，掌握着单片机的整个工作节奏。

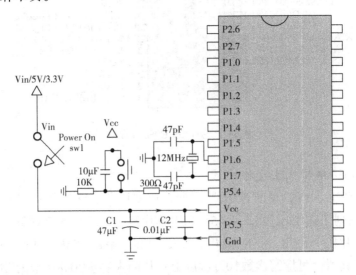

图4-10 单片机最小系统

在要求不高的情况下，可以使用单片机内部集成的高精度R/C时钟作为晶振电路，因此昂贵的外部晶振电路也可以省掉。

4. A/D转换典型电路

如果应用简单，可以无需基准参考电压源，如图4-11所示。

ST15系列单片机输入电压时，直接与Vcc比较即可。但是实际电压可能是4.8～5V。用户要求的精度比较高的话，可以在出厂之前实际测出工作电压并记录在单片机的E2PROM里面，以供计算。

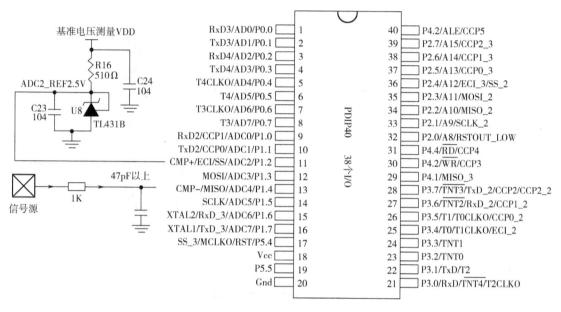

图4-11　A/D转换典型电路

（四）Arduino简介

Arduino是一块基与开放原始代码的Simple I/O平台，并且具有使用类似java、C语言的开发环境。可以快速使用Arduino语言与Flash或Processing软件，作出互动作品。Arduino可以使用开发完成的电子元件，如Switch或Sensors或其他控制器、LED、步进电动机或其他输出装置。Arduino也可以独立运作成为一个可以跟软件沟通的平台，例如，flash processing Max/MSP VVVV或其他互动软件。Arduino开发IDE界面基于开放原始码原则，可以免费下载使用，开发出更多令人惊奇的互动作品。Arduino的IO使用的孔座，做互动作品需要面包板和针线搭配进行。简单的控制电路如图4-12所示。

特色描述如下：

（1）开放原始码的电路图设计，开发界面免费下载，也可依需求自己修改。

（2）可使用ISP下载线，自我将新的IC程序写入bootloader。

（3）可依据官方电路图，简化模组，完成独立运作的微处理控制器。

（4）可简单地与传感器、各式各样的电子元件连接（如红外线、超声波、热敏电阻、光敏电阻、伺服电动机等）。

（5）支持多样的互动，如Flash、Max/Msp、VVVV、PD、C、Processing等。

（6）使用低价格的微处理控制器（ATMEGA168V–10PI）。

（7）USB接口，不需外接电源，另外有提供9V DC输入接口。

（8）应用方面，突破以往只能使用鼠标、键盘、CCD等输入的装置的互动内容，可以更简单地达成单人或多人游戏互动。

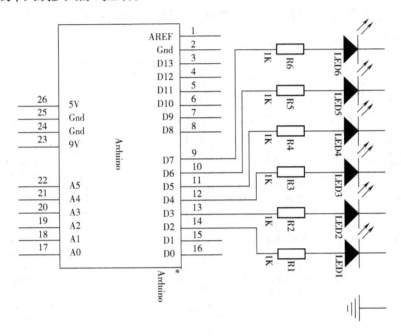

图4-12　Arduino的简单应用

二、温湿度传感器及使用

测量温度的关键是温度传感器，从17世纪初人们开始利用温度进行测量。在半导体技术的支持下，21世纪相继开发了半导体热电偶传感器、PN结温度传感器和IC集成温度传感器等接触式温度传感器。与之相应，根据波与物质的相互作用规律，相继开发了声学温度传感器、红外传感器和微波传感器等非接触式温度传感器。温度传感器的发展主要大体经过了三个阶段：传统的分立式温度传感器（含敏感元件）；模拟集成温度传感器；智能温度传感器。

（一）分立式温度传感器

温度检测方法根据敏感元件和被测介质接触与否，可以分为接触式和非接触式两大类。接触式温度传感器的检测部分与被测对象有良好的接触，温度计通过传导或对流达到热平衡，从而使温度计的指示准确。从结构上可以分为热电阻和热电偶两种大类。

1. 热电阻温度传感器

（1）原理。根据电阻的温度效应制成，有随温度升高而变大的是正温度系数，也有随温度升高而减小的是负温度系数。

（2）材料。热电阻大都由纯金属材料制成，目前应用最多的是铂和铜。此外，现在已开始采用镍、锰和锗等材料制造热电阻。

各种热电阻的测量范围和优缺点：

①PT100/PT1000型热电阻。铂电阻，温度范围-200～850℃，PT100（或PT1000）即0℃时阻值为100Ω（或1000Ω），根据测量的精度选择。金属铂材料的优点是化学稳定性好、能耐高温，容易制得纯铂，又因其电阻率大，可用较少材料制成电阻，此外其测温范围大；它的缺点是在还原介质中，特别是在高温下很容易被从氧化物中还原出来的蒸汽所沾污，使铂丝变脆，并改变电阻与温度之间的关系。

②CU50型热电阻。铜电阻，温度范围-50～150℃。铜热电阻的价格便宜，线件度好，工业上在-50～150℃范围内使用较多。铜热电阻怕潮湿，易被腐蚀，熔点也低。

（3）种类。

①精通型热电阻。从热电阻的测温原理可知，被测温度的变化是直接通过热电阻阻值的变化来测量的，因此，热电阻体的引出线等各种导线电阻的变化会给温度测量带来影响。为消除引线电阻的影响一般采用三线制或四线制。

②铠装热电阻。由感温元件（电阻体）、引线、绝缘材料、不锈钢套管组合而成的坚实体，它的外径一般为2～8mm，最小可达1.0mm（E型）。与普通型热电阻相比，它的优点是体积小，内部无空气隙，热惯性上，测量滞后小；机械性能好，耐振，抗冲击；能弯曲，便于安装；使用寿命长。

③端面热电阻。感温元件由特殊处理的电阻丝材绕制，紧贴在温度计端面。它与一般轴向热电阻相比，能更正确和快速地反映被测端面的实际温度，适用于测量轴瓦和其他机件的端面温度。

④隔爆型热电阻。通过特殊结构的接线盒，把其外壳内部爆炸性混合气体因受到火花或电弧等影响而发生的爆炸局限在接线盒内，生产现场不会引起爆炸。隔爆型热电阻可用于B1a～B3c级区内具有爆炸危险场所的温度测量。

（4）特点。测量精度高，性能稳定。其中铂热电阻的测量精确度是最高的，它不仅广泛应用于工业测温，而且被制成标准的基准仪。热电阻是中低温区最常用的一种温度检测器。

2.热电偶温度传感器

（1）原理。利用不同金属的热效应，产生电势差。热电效应即将两种不同材料的导体或半导体A和B焊接起来，构成一个闭合回路，如图4-13所示。

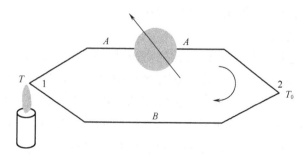

图4-13　热电偶温度传感器原理

当导体A和B的两个执着点1和2之间存在温差时，两者之间便产生电动势，因而在回路中形成一个大小的电流，这种现象称为热电效应。热电偶温度传感器就是利用这一效应来工作的。

（2）结构。为了保证温度传感器热电偶可靠、稳定地工作，对它的结构要求如下：

①组成温度传感器热电偶的两个热电极的焊接必须牢固。

②两个热电极彼此之间应很好地绝缘，以防短路。

③补偿导线与温度传感器热电偶自由端的连接要方便可靠。

④保护套管应能保证热电极与有害介质充分隔离。

（3）优点。

①测量精度高。因温度传感器热电偶直接与被测对象接触，不受中间介质的影响。

②测量范围广。常用的温度传感器热电偶从$-50 \sim 1600℃$均可连续测量，某些特殊温度传感器热电偶最低可测到$-269℃$（如金、铁、镍、铬），最高可达$+2800℃$（如钨、铼）。

③构造简单，使用方便。温度传感器热电偶通常由两种不同的金属丝组成，而且不受大小和开头的限制，外有保护套管，用起来非常方便。

（4）种类。常用温度传感器热电偶可分为标准温度传感器热电偶和非标准温度传感器热电偶两大类。标准温度传感器热电偶是指国家标准规定了其热电势与温度的关系、允许误差，并有统一的标准分度表的温度传感器热电偶，它有与其配套的显示仪表可供选用。非标准化温度传感器热电偶在使用范围或数量级上均不及标准化温度传感器热电偶，一般也没有统一的分度表，主要用于某些特殊场合的测量。我国从1988年1月1日起，温度传感器热电偶和温度传感器热电阻全部按IEC国际标准生产，并指定S、B、E、K、R、J、T七种标准化温度传感器，在这些传感器中热电偶为我国统一设计型温度传感器热电偶。

（5）温度补偿。由于温度传感器热电偶的材料一般都比较贵重（特别是采用贵金属时），而测温点到仪表的距离都很远，为了节省热电偶材料，降低成本，通常采用补偿导线把温度传感器热电偶的冷端（自由端）延伸到温度比较稳定的控制室内，连接到仪表端子上。必须指出，温度传感器热电偶补偿导线的作用只起延伸热电极，使温度传感器热电偶的冷端移动到控制室的仪表端子上，它本身并不能消除冷端温度变化对测温的影响，不起补偿作用。因此，还需采用其他修正方法来补偿冷端温度$t_0 \neq 0℃$时对测温的影响。

在使用温度传感器热电偶补偿导线时，必须注意型号相配，极性不能接错，补偿导线与温度传感器热电偶连接端的温度不能超过100℃。

3. 非接触式温度传感器

非接触式温度传感器的敏感元件与被测对象互不接触，又称非接触式测温仪表。这种仪表可用来测量运动物体、小目标和热容量小或温度变化迅速（瞬变）对象的表面温度，也可用于测量温度场的温度分布。最常用的非接触式测温仪表基于黑体辐射的基本定律，称为辐射测温仪表。辐射测温法包括亮度法（光学高温计）、辐射法（辐射高温计）和比色法（比色温度计）。各类辐射测温方法只能测出对应的光学温度、辐射温度或比色温度。

只有对黑体（吸收全部辐射并不反射光的物体）所测温度才是真实温度。如欲测定物体的真实温度，则必须进行材料表面发射率的修正。而材料表面发射率不仅取决于温度和波长，而且还与表面状态、涂膜和微观组织等有关，因此很难精确测量。在自动化生产中往往需要利用辐射测温法来测量或控制某些物体的表面温度，如冶金中的钢带轧制温度、轧辊温度、锻件温度和各种熔融金属在冶炼炉或坩埚中的温度。在这些具体情况下，对物体表面发射率的测量是相当困难的。对于固体表面温度自动测量和控制，可以采用附加的反射镜使其与被测表面一起组成黑体空腔。附加辐射的影响能提高被测表面的有效辐射和有效发射系数。利用有效发射系数通过仪表对实测温度进行相应的修正，最终可得到被测表面的真实温度。最为典型的附加反射镜是半球反射镜。球中心附近被测表面的漫射辐射能受半球镜反射回到表面而形成附加辐射，从而提高有效发射系数。至于气体和液体介质真实温度的辐射测量，则可以用插入耐热材料管至一定深度以形成黑体空腔的方法。通过计算可求出与介质达到热平衡后的圆筒空腔的有效发射系数。在自动测量和控制中，就可以用此值对所测腔底温度（即介质温度）进行修正而得到介质的真实温度。

非接触测温的优点：测量上限不受感温元件耐温程度的限制，因而对最高可测温度原则上没有限制。对于1800℃以上的高温，主要采用非接触测温方法。随着红外技术的发展，辐射测温逐渐由可见光向红外线扩展，700℃以下直至常温都已采用，且分辨率很高。

4. 与单片机的接口

温度采集电路如图4-14所示。采用NTC热敏电阻温度传感器，型号为MF51，它是华巨电子有限公司生产的热敏电阻温度传感器，可将温度转化成电压给单片机处理。它具有三引脚TO-92小体积封装形式，温度测量范围为-50～350℃，测温精度为2%，使用A13与MF51的引脚连接，上拉电阻选用4.7K，Vcc接电源，Gnd接地。图4-15所示是采用RS232通信方式的温度数据发送电路的端子部分。图4-16所示是利用Arduino的温度采集电路。

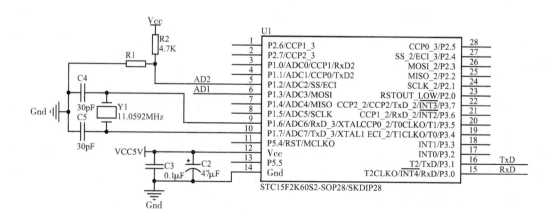

图4-14　温度采集电路

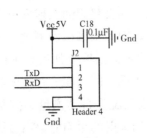

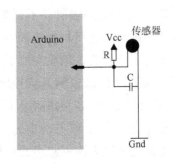

图4-15 温度发送电路的端子部分   图4-16 利用Arduino的温度采集电路

5.传感器范例

以NTC热敏电阻MF51为例，外形尺寸及实物图如图4-17和图4-18所示。

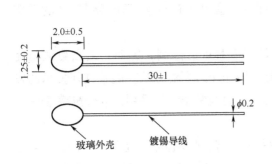

图4-17 NTC热敏电阻

图4-18 NTC热敏电阻实物

正电阻温度系数PTC（Positive Temperature Coefficient）热敏半导体陶瓷材料的电阻率ρ是随温度T的升高而增大的。由半导体物理可知，一般半导体材料的阻—温特性可以近似地用下式表达：

$$\rho = A\mathrm{e}^{B/T} \tag{4-3}$$

其中，A为常数，可以通过实验测定材料的A值。热敏电阻的B值，由厂家提供。电阻随温度的变化可以用下式表示。

$$R = \frac{L}{S}A\mathrm{e}^{B/T} \tag{4-4}$$

这里，L为元件长度，S为元件截面积。NTC热敏电阻的电阻值是指温度在25℃（298.15K）时的电阻值，标记为B25，B值是热敏电阻器的材料常数，或叫热敏指数，即热敏电阻器的芯片（一种半导体陶瓷）在经过高温烧结后，形成具有一定电阻率的材料，每种配方和烧结温度下只有一个B值，所以称之为材料常数。B值可以通过测量在25℃和50℃（或85℃）时的电阻值后进行计算，记为B25/50。B值与产品电阻温度系数正相关，也就是说B值越大，其电阻温度系数也就越大。

温度系数就是指温度每升高1℃，电阻值的变化率。采用以下公式可以将B值换算成电阻温度系数。

$$电阻的温度系数 = \frac{B}{T^2} \tag{4-5}$$

T为绝对温度值，NTC热敏电阻器的B值一般在2000～6000之间，不能简单地说B值是越大越好还是越小越好，要看用在什么地方。一般来说，作为温度测量、温度补偿以及抑制浪涌电阻用的产品，同样条件下是B值大点好。因为随着温度的变化，B值大的产品其电阻值变化更大，也就是说更灵敏。

NTC热敏电阻B值计算过程如下：在温度$T=T_1$时测得元件的电阻为R_1，在$T=T_2$时测得元件的电阻为R_2，则

$$R_1 = \frac{L}{S} \rho_{T_1} = \frac{L}{S} A e^{B/T_1} \tag{4-6}$$

$$R_2 = \frac{L}{S} \rho_{T_2} = \frac{L}{S} A e^{B/T_2} \tag{4-7}$$

$$\frac{R_1}{R_2} = e^{B(1/T_1 - 1/T_2)} \tag{4-8}$$

$$B = \left(\frac{1}{T_1} - \frac{1}{T_2} \right)^{-1} \left(\ln R_1 - \ln R_2 \right) = \frac{T_1 T_2 \left(\ln R_1 - \ln R_2 \right)}{T_2 - T_1} \tag{4-9}$$

将式（4-9）代入式（4-6）得

$$A = \frac{R_1 S}{L} e^{-B/T_1} = \frac{R_1 S}{L} e^{\frac{T_2 (\ln R_2 - \ln R_1)}{T_2 - T_1}} \tag{4-10}$$

R_1、R_2：热敏电阻在温度分别为T_1、T_2时的电阻值，取R25和R50。

T_1、T_2：绝对温标，取25℃（298.15K）和50℃（323.15K）。因此：

$$B = \frac{298.15 \times 323.15}{25} \ln \left(R_1 - R_2 \right) \tag{4-11}$$

以MF51-104F3950FA-1.25为例，热敏电阻的阻值为R25=100K，R50=35.8842K，代入式（4-11）得：

$$B = \frac{298.15 \times 323.15}{25} \ln \left(100 - 35.8 \right) = 3950 \tag{4-12}$$

以25℃为标准，进行计算得到：

$$\frac{L}{S} A = \frac{R}{e^{\frac{B}{T}}} = \frac{100}{e^{\frac{3950}{298.15}}} = \frac{100}{e^{\frac{3950}{298.15}}} = 1.84 \times 10^{-4} \tag{4-13}$$

一般测量时25℃的电阻值为标准值，将式（4-12）和式（4-13）代入式（4-6）可以得到一般温度下的电阻近似值，精度要求低时可用。则温度与电阻之间的关系如图4-19所示。

近似函数关系表示为：

$$T = \frac{B}{\ln \dfrac{RS}{LA}} - 273 = \frac{3950}{\ln \dfrac{R}{1.84 \times 10^{-4}}} - 273 = \frac{3950}{\ln 5445R} - 273 \qquad (4\text{--}14)$$

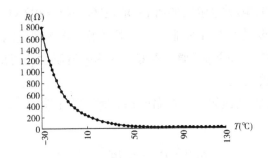

图4-19　热敏电阻与温度拟合曲线

6. 电路参数的计算

根据串联电路的分压，可以计算出传感器的分压值：

$$V_{in} = \frac{5R_T}{R_T + R} = \frac{5R_T}{R_T + 4.7} \qquad (4\text{--}15)$$

进一步得到传感器的电阻为：

$$R_T = \frac{4.7V_{in}}{1024 - V_{in}} \qquad (4\text{--}16)$$

7. 编写程序

单片机可以通过读出MF51的电压值的模拟量原始数据，计算当前的电阻值，并根据电阻值计算温度传感器的温度值，最后显示在液晶屏的指定位置上，其流程图如图4-20所示。

关键部分程序清单如下所示：

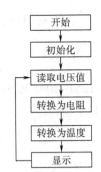

图4-20　温度检测程序流程图

```
void drawTemp（void）
{
    int raw = analogRead（TEMP_PIN）;// 读取电压值
    float res=4.7/（1024.0/raw-1）;// 转换为电阻
    float celsius = 3950 / log（5445*res）–273;// 转换为温度
    u8g.setPrintPos（75， 20）;//指定位置
    u8g.print（celsius）;// 显示
}
```

8. 系统仿真及实验调试

系统的性能与软硬件的设计密切相关，一般先排除系统硬件的问题后，再调试软件的

功能。

温度采集系统的调试包含以下几个部分：硬件调试、显示屏的调试、温度传感器的调试、软件的调试。实验调试完成后，系统的实验装置及实验检测测试状态如图4-21所示。

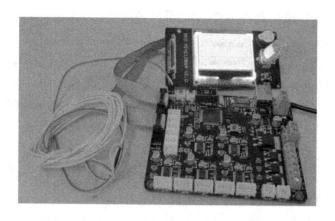

图4-21　温度检测测试状态

9. A/D转换器

以高性价比的A/D转换芯片TLC549为例进行详细介绍。

主要特性：TLC549是德州仪器公司生产的8位串行A/D转换器芯片，其芯片的引脚如图4-22所示。可与通用微处理器、控制器通过I/O CLOCK、$\overline{CS}$、DATA三条口线进行串行接口。具有4MHz片内系统时钟和软、硬件控制电路，转换时间最长17μs，TLC548允许的最高转换速度为45500次/s，TLC549为

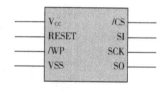

图4-22　TLC549的引脚图

40000次/s。总失调误差最大为±0.5LSB，典型功耗值为6mW。采用差分参考电压高阻输入，抗干扰，可按比例量程校准转换范围，VREF-接地，VREF+-VREF-≥1V，可用于较小信号的采样。

TLC549的极限参数：电源电压：6.5V；输入电压范围：0.3V~V_{CC}+0.3V；输出电压范围：0.3V~V_{CC}+0.3V；峰值输入电流（任一输入端）：±10mA；总峰值输入电流（所有输入端）：±30mA；工作温度：0~70℃；TLC549I：-40~85℃；TLC549M：-55℃~125℃。

工作原理：TLC549有片内系统时钟，该时钟与I/O Clock是独立工作的，无须特殊的速度或相位匹配。当$\overline{CS}$为高时，数据输出（Data out）端处于高阻状态，此时I/O Clock不起作用。这种CS控制作用允许在同时使用多片TLC549时，共用I/O Clock，以减少多路（片）A/D并用时的I/O控制端口。一组通常的控制时序为：

（1）将$\overline{CS}$置低。内部电路在测得$\overline{CS}$下降沿后，再等待两个内部时钟上升沿和一个下降沿后，然后确认这一变化，最后自动将前一次转换结果的最高位（D7）输送到Data out端上。

（2）前四个I/O Clock周期的下降沿依次移出第2、3、4、5个位（D6、D5、D4、D3），片上采样保持电路在第4个I/O Clock下降沿开始采样模拟输入。

（3）接下来的3个I/O Clock周期的下降沿移出第6、7、8（D2、D1、D0）个换位。

（4）最后，片上采样保持电路在第8个I/O Clock周期的下降沿将移出第6、7、8（D2、D1、D0）个转换位。保持功能将持续4个内部时钟周期，然后开始进行32个内部时钟周期的A/D转换。第8个I/O Clock后，$\overline{CS}$必须为高，或I/O Clock保持低电平，这种状态需要维持36个内部系统时钟周期以等待保持和转换工作的完成。如果$\overline{CS}$为低时I/O Clock上出现一个有效干扰脉冲，则微处理器/控制器将与器件的I/O时序失去同步；若$\overline{CS}$为高时出现一次有效低电平，则将使引脚重新初始化，从而脱离原转换过程。在36个内部系统时钟周期结束之前，实施步骤（1）~（4），可重新启动一次新的A/D转换，与此同时，正在进行的转换终止，此时的输出是前一次的转换结果而不是正在进行的转换结果。若要在特定的时刻采样模拟信号，应使第8个I/O时钟的下降沿与该时刻对应，因为芯片虽在第4个I/O时钟下降沿开始采样，却在第8个I/O时钟的下降沿开始保存。

与单片机接口：如图4-23所示，TLC549与单片机AT89S51相连实现电信号的转换与采集，TLC549具有转换误差小，与单片机接口简单的特点。

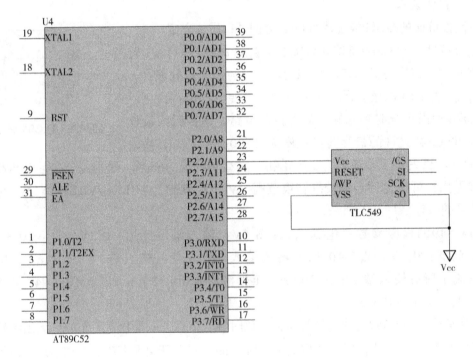

图4-23　TLC549与AT89S51的连接图

（二）模拟集成温度传感器

模拟集成传感器是采用硅半导体集成工艺而制成的，因此亦称硅传感器或单片集成温度传感器。模拟集成温度传感器是在20世纪80年代问世的，它是将温度传感器集成在一个芯片上，可完成温度测量及模拟信号输出功能的专用IC。模拟集成温度传感器的主要特点是功能单一（仅测量温度）、测温误差小、价格低、响应速度快、传输距离远、体积小、微功耗等，适合远距离测温、控温，不需要进行非线性校准，外围电路简单。它是目前在国内外应用最为普遍的一种集成传感器，典型产品有AD590、AD592、TMP17、LM135等。模拟集成温度控制器主要包括温控开关和可编程温度控制器，典型产品有LM56、AD22105和MAX6509。某些增强型集成温度控制器，如TC652/653还包含了刀转换器以及固化好的程序，这与智能温度传感器有某些相似之处。但它自成系统，工作时并不受微处理器的控制，这是二者的主要区别。

集成温度传感器AD590是美国模拟器件公司生产的集成两端感温电流源。AD590是电流型温度传感器，通过对电流的测量可得到所需要的温度值。

1. AD590主要特性

流过器件的电流（μA）等于器件所处环境的热力学温度（开尔文）度数：

$$I_r/T=1$$

式中：I_r——流过器件（AD590）的电流，单位为μA；

T——热力学温度，单位为K。

AD590的测温范围为-55～150℃；AD590的电源电压范围为4～30V，可以承受44V正向电压和20V反向电压，因而器件即使反接也不会被损坏；输出电阻为710mΩ；精度高，AD590在-55～150℃范围内，非线性误差仅为±0.3℃。

2. AD590工作原理

AD590温度感测器是一种已经IC化的温度感测器，它会将温度转换为电流。AD590的接脚图及零件符号如图4-24所示。

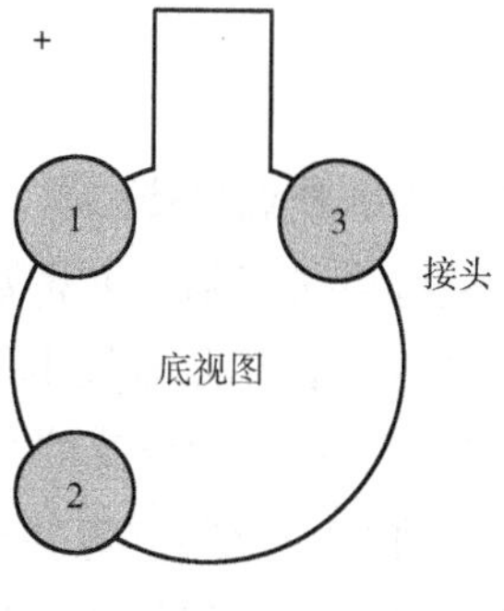

AD590的输出电流是以绝对温度零度（-273℃）为基准，每增加1℃，它会增加1μA输出电流，因此在室温25℃时，其输出电流：

$$I_0=273+25=298（μA）\qquad(4-17)$$

V_0的值为I_0乘上10K，以室温25℃而言，输出值为2.98V（10K×298μA）。量测V_0时，不可分出任何电流，否则量测值会不准。

图4-24　AD590的接脚图及零件符号

3. AD590电路设计

AD590的输出电流：

$$I=（273+T）μA\qquad(4-18)$$

T为摄氏温度，因此量测的电压：

$$V=（273+T）μA×10KΩ=（2.73+T/100）V\qquad(4-19)$$

为了将电压量测出来，又需使输出电流I不分流出来，使用电压追随器，其输出电压V_2等于输入电压V。

由于一般电源经过较多零件之后，电源是带噪声的，因此使用二极管作为稳压零件，再利用可变电阻分压，其输出电压V_1需调整至2.73V。然后使用差动放大器输出：

$$V_0=（100K/10K）×（V_2-V_1）=T/10 \qquad (4-20)$$

如果温度为摄氏28℃，输出电压为2.8V，输出电压接A/D转换器，那么A/D转换输出的数字量就和摄氏温度成线形比例关系。AD590温度传感器使用原理如图4-25所示。

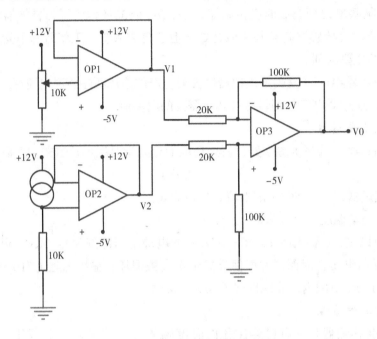

图4-25　AD590温度传感器使用原理图

（三）智能温度传感器

智能温度传感器（亦称数字温度传感器）在20世纪90年代中期问世，是微电子技术、计算机技术和自动测试技术（ATE）的结晶。目前，国际上已开发出多种智能温度传感器系列产品。智能温度传感器内部都包含温度传感器、A/D转换器、信号处理器、存储器（或寄存器）和接口电路。有的产品还带多路选择器、中央控制器（CPU）、随机存取存储器（RAM）和只读存储器（ROM）。智能温度传感器的特点是能输出温度数据及相关的温度控制量，适配各种微控制器（MCU）；并且它是在硬件的基础上通过软件来实现测试功能的，其智能化程度也取决于软件的开发水平。

1. DS18B20温度传感器

目前，国际上新型温度传感器正从模拟式向数字式、从集成化向智能化和网络化的方向飞速发展。数字式温度传感器DS18B20正是朝着高精度、多功能、总线标准化、高可性及安全性、开发虚拟传感器和网络传感器、研制单片测温系统等高科技的方向迅速发展。因此，智能温度传感器DS18B20作为温度测量装置已广泛应用于人们的日常生活和工农业生产中。DS18B20如图4-26所示。

DS18B20是美国达拉斯（DALLAS）半导体公司继智能温度传感器之后最新推出的一种

数字化单总线器件，属于新一代适配微处理器的改进型智能温度传感器。与传统的热敏电阻相比，它能够直接读出被测温度，可根据实际要求通过简单的编程实现9~12位的数字值读数方式，并且可以分别在93.75ms和750ms内完成9位和12位的数字量。DS18B20读出信息或写入信息仅需要一根口线（单线接口）。温度变换功率来源于数据总线，总线本身也可以向所挂接的DS18B20供电，而无需额外电源。因而使用DS18B20可使系统结构更趋简单，可靠性更高。

图4-26 智能温度传感器DS18B20

同时其"一线总线"独特而且经济的特点，使用户可轻松地组建传感器网络，为测量系统的构建引入了全新的概念。DS18B20数字化温度传感器支持"一线总线"接口，测量温度范围为-55℃~125℃，在-10℃~85℃范围内精度为±0.5℃。

现场温度直接以"一线总线"的数字方式传输，用符号扩展的16位数字量方式串行输出，大大提高了系统的抗干扰性。因此，数字化单总线器件DS18B20适合于恶劣环境的现场温度测量，如环境控制、设备或过程控制、测温类消费电子产品等。它在测温精度、转换时间、传输距离、分辨率等方面都有了很大的改进，给用户带来了更方便和更令人满意的效果。可广泛用于工业、民用、军事等领域的温度测量及控制仪器、测控系统和大型设备中。

DS18B20是单线数字温度传感器，体积小，适用电压更宽而且更加经济实惠，测温范围为-55℃~125℃。由于DS18B20温度检测与数字数据输出都集中在一个芯片上，所以大大提高了抗干扰能力。DS18B20的工作周期可分为温度检测和数据处理两个部分。用于存放DS18B20 ID编码的ROM只读存储器，共有64位ROM。用于内部计算和数据存取的RAM数据暂存器。

DS18B20测量的精度高，电路的连接相对简单，多个DS18B20可以并联至3根或2根端口线上，并且CPU只需要一根线就能够和多个DS18B20进行通信，其占用的微处理器端口比较少，可以节约较多的引线与逻辑电路。像这样的传感器仅仅只需一条数据线就可以进行数据的传输。

2. DS18B20芯片的引脚

DS18B20芯片的封装为TO-92、SO（DS18B20Z）和μSOP（DS18B20U），DS18B20各种封装及引脚图如图4-27所示，其中可选电源引脚V_{DD}，不用时接地，接地引脚Gnd，DQ为数据输入输出端（即单线总线），它属于漏极开路输出，外接上

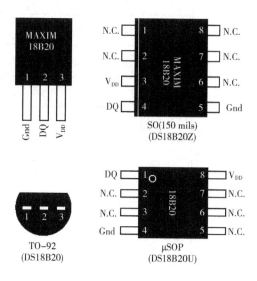

图4-27 DS18B20的引脚图

拉电阻后，常态下呈高电平。

当DS18B20工作在寄生电源模式时，V_{DD}引脚必须接地。该模式下，当总线为高电平时，由单总线通过V_{DD}引脚，储能电容中；当总线为低电平时释放能量供给器件工作使用。

3. DS18B20内部结构

如图4-28所示，DS18B20主要由以下部分组成：温度传感器、非挥发的温度报警触发器TL和TH、配置寄存器、高速暂存RAM和64位ROM等。

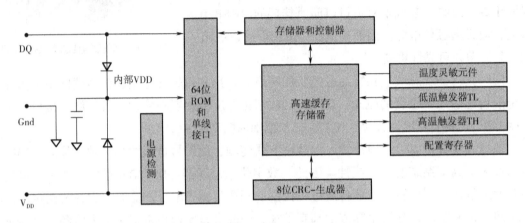

图4-28　DS18B20结构图

4. DS18B20内部存储器

内部存储器包括一个高速暂存RAM、一个非易失性的可电擦除的E2RAM。DS18B20一共有9个高速暂存器，其结构图如图4-29所示。每个高速暂存器都有8bit存储空间，用来存储相应数据。DS18B20高速暂存器数据格式如图4-30所示。

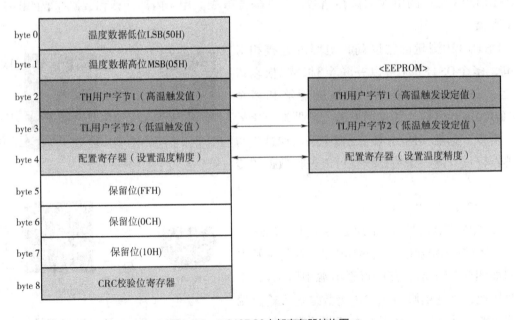

图4-29　DS18B20内部寄存器结构图

温度寄存器	bit 7	bit 6	bit 5	bit 4	bit 3	bit 2	bit1	bit 0	<备注>
低位	2^3	2^2	2^1	2^0	2^{-1}	2^{-2}	2^{-3}	2^{-4}	
	bit 15	bit 14	bit 13	bit 12	bit 11	bit 10	bit 9	bit 8	*S标识位表示测得温度正负，芯片上电后，默认温度值为+85℃
高位	S	S	S	S	S	2^6	2^5	2^4	

TH和TL寄存器	bit 7	bit 6	bit 5	bit 4	bit 3	bit 2	bit 1	bit 0	
	S	2^6	2^5	2^4	2^3	2^2	2^1	2^0	*S标识位表示设定告警温度值的正负

配置寄存器	bit 7	bit 6	bit 5	bit 4	bit 3	bit 2	bit 1	bit 0	
	0	R1	R0	1	1	1	1	1	*R1和R0标识位用来设置温度检测的精确度

图4-30 DS18B20高速暂存器数据格式图示

byte 0和byte 1分别为温度数据的低位和高位，用来储存测量到的温度值，且这两个字节都是只读的。

byte 2和byte 3为TH、TL报警触发值的复制，可以从片内的电可擦可编程只读存储器EEPROM中读出，也可以通过总线控制器发出的［48H］指令将暂存器中TH、TL的值写入EEPROM。

byte 4的配置寄存器用来配置温度转换的精确度（最大为12位精度）；配置寄存器为高速暂存器中的第5个字节，它的内容用于确定温度值的数字转换分辨率，DS18B20工作时按此寄存器中的分辨率将温度转换为相应精度的数值。最高位TM是测试模式位，用于设置DS18B20在工作模式0还是在测试模式1。在DS18B20出厂时该位被设置为0，用户一般不要去改动；R1和R0决定温度转换的精度位数，即用来设置分辨率，R0和R1的模式如表4-4所示，DS18B20出厂时被设置为11，即12位。设定的分辨率越高，所需要的温度数据转换时间就越长。因此，在实际应用中要在分辨率和转换时间两者中权衡考虑。配置寄存器的低5位一直都是1。

表4-4 R1和R0模式表

R1	R2	分辨率（bit）	温度最大转换时间（mm）
0	0	9	93.75
0	1	10	187.50
1	0	11	750.00
1	1	12	275.00

byte 5、6、7为保留位，禁止写入；byte 8亦为只读存储器，用来存储8字节以上的CRC校验码，在64位ROM的最高有效字节中存储有循环冗余校验码（CRC），主机根据ROM的前56位来计算CRC值，并和存入DS18B20中的CRC值做比较，以判断主机收到的数据是否正确。

非易失性的电可擦除的E2RAM用于存储TH、TL值和配置寄存器的值。数据先写入

RAM，经校验后再传给E2RAM，掉电后EEPROM中的数据不会丢失。

ROM中的64位序列号是出厂前被光刻好的，它可以看做是DS18B20的地址序列码。每个DS18B20的64位序列号均不相同。

5. 与单片机的连接

DS18B20可以采用两种方式供电。一种是采用外部电源供电方式，此时Gnd脚接地，DQ脚作为信号线，V_{DD}脚接电源。温度传感器DS18B20可直接与单片机相连完成数据的采集与处理，与发送端单片机的P1.0连接，接口电路如图4-31所示。其他单片机的I/O接口也可以直接与温度传感器相连，如图4-32所示。

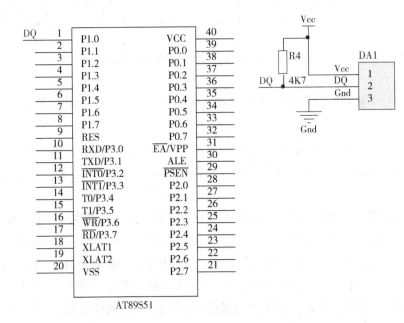

图4-31 温度传感器DS18B20直接与单片机相连

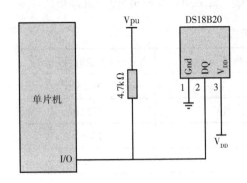

图4-32 电源供电模式下单只DS18B20
芯片的连接图

一个单片机可以与多只DS18B20芯片连接，连接方式如图4-33所示。DS18B20芯片通过达拉斯公司的单总线协议依靠一个单线端口通信，当全部器件经由一个三态端口或者漏极开路端口与总线连接时，控制线需要连接一个弱上拉电阻。

在多只DS18B20连接时，每个DS18B20都拥有一个全球唯一的64位序列号。在这个总线系统中，微处理器依靠每个器件独有的64位序列号辨认总线上的器件和记录总线上的器件地址，从而允许多只DS18B20同时连接在一条单线总线上。因此，可以很轻松地利用一个微处理器去控制很多分布在不同区域的DS18B20，这一特性在环境控制、探测建筑物、仪器等温度以及过程监测和控制等方面都非常有用。

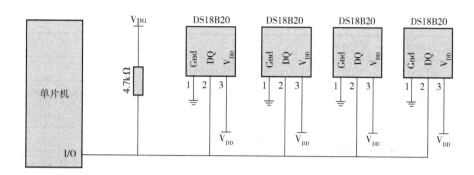

图4-33　外部供电模式下的多只DS18B20芯片的连接图

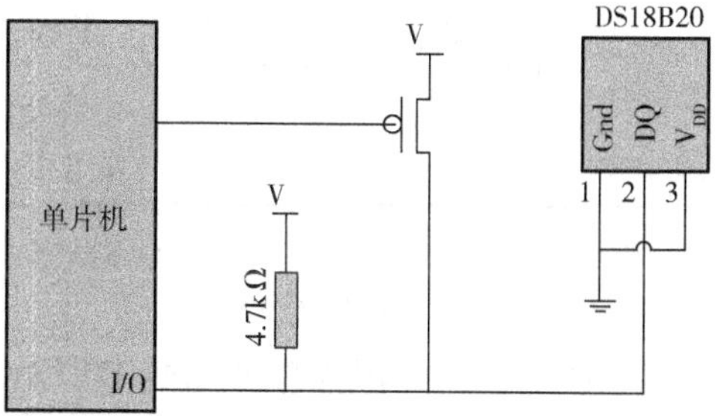

当温度低于100℃时，DS18B20除了采用前面所说的外部电源供电，也可以采用寄生电源模式。单片机端口接单线总线，为保证在有效的DS18B20时钟周期内提供足够的电流，可用一个MOSFET管来完成对总线的上拉。寄生电源模式下的电路连接如图4-34所示。此时不用额外的电源就可以实时采集到位于多个地点的温度信息了。

但是当温度高于100℃时，因为此时器件中较大的漏电流会使总线不能可靠检测高低电平，从而导致数据传输误码率的增大，不能使用寄生电源。

图4-34　DS18B20寄生电源模式下的电路连接图

无论是内部寄生电源还是外部供电，DS18B20的I/O口线要接4.7kΩ左右的上拉电阻。当DS18B20处于写存储器操作和温度A/D转换操作时，总线上必须有强的上拉，上拉开启时间最大为10μs。采用寄生电源供电方式时V_{DD}端接地。由于单线制只有一根线，因此发送接口必须是三态的。

6. DS18B20的控制指令

DS18B20每一步操作都要遵循严格的工作时序和通信协议。单片机对DS18B20的访问流程是：先对DS18B20初始化，再进行ROM操作命令，最后才能对存储器操作和对数据操作。DS18B20的控制命令见表4-5。

表4-5　DS18B20控制指令

类型	功能	约定代码	功能详解
ROM操作	读ROM	33H	读取DS18B20ROM中的编码（64位地址）
	符合ROM	55H	发出命令后，接着发出64位ROM编码，访问单总线上与该编码相同的DS18B20，使之做出反应，为下一步读写作准备
	搜索ROM	0F0H	用于确定挂在同一总线上DS18B20的个数，和识别64位ROM地址，为操作各器件做准备
	跳过ROM	0CCH	忽略64位ROM地址，直接向DS18B20发送温度转换命令，适用于单片工作

类型	功能	约定代码	功能详解
功能操作	报警搜索	0ECH	执行后只有温度值超过限定值才做出反应
	温度变换	44H	启动DS18B20进行温度转换，转换时间最长为500ms，结果存入内部9字节RAM中
	读暂存	0BEH	读内部RA 9字节内容
	写暂存	4EH	发出向内部RAM的3、4字节写上下限温度命令，紧随该命令之后是传送两个字节数据
	复制暂存	48H	将RAM中3、4字节内容写到E2PRAM中
	重调E2PRAM	0B8H	将E2PRAM中3、4字节内容写到RAM中
	读供电方式	0B4H	读DS18B20供电模式，寄生供电DS18B20时发送"1"，外接电源发送"1"

7. DS18B20测温原理

DS18B20的测温原理如图4-35所示。图中低温度系数晶振的振荡频率受温度的影响很小，用于产生固定频率的脉冲信号送给减法计数器1；高温度系数晶振的振荡频率随温度变化而明显改变，所产生的信号作为减法计数器2的脉冲输入。图中还隐含着计数门，当计数门打开时，DS18B20就对低温度系数振荡器产生的时钟脉冲进行计数，进而完成温度测量。计数门的开启时间由高温度系数振荡器来决定，每次测量前，首先将-55℃所对应的基数分别置入减法计数器1和温度寄存器中，减法计数器1和温度寄存器被预置在-55℃所对应的一个基数值。减法计数器1对低温度系数晶振产生的脉冲信号进行减法计数，当减法计数器1的预置值减到0时温度寄存器的值将加1，减法计数器1的预置将重新被装入，减法计数器1重新开始对低温度系数晶振产生的脉冲信号进行计数。如此循环直到减法计数器2计数到0时，停止温度寄存器值的累加，此时温度寄存器中的数值即为所测温度。图中的斜率累加器用于补偿和修正测温过程中的非线性，其输出用于修正减法计数器的预置值，只要计数门仍未关闭就重复上述过程，直至温度寄存器值达到被测温度值，这就是DS18B20的测温原理。

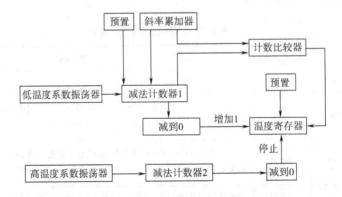

图4-35　DS18B20的内部测温电路原理图

当DS18B20芯片由外部电源供电时，启动后将进入低功耗等待状态，当需要执行温度测量和A/D转换时，单片机发出温度变换命令［44H］完成温度测量和A/D转换，DS18B20温度转换过程中DQ引脚返回0，转换完成后的温度值就以16位带符号扩展的二进制补码形式存储在高速暂存存储器的byte 0和byte 1中。DS18B20完成温度转换后，把测得的温度值T与高温触发器TH和低温触发器TL中各一个字节的用户自定义的报警预置值做比较，若T高于TH或低于TH，则将该器件内的报警标志位置位，转换结束，DQ引脚则返回1，并对主机发出的报警搜索命令做出响应。因此，可用多只DS18B20同时测量温度并进行报警搜索。此时，总线控制器通过发出报警搜索命令［ECH］检测总线上所有的DS18B20报警标识，然后，对报警标识位置的DS18B20将响应这条搜索命令。从而读出测量到的温度数据通过总线完成与单片机的数据通信。通过单线接口读到该数据，读取时低位在前，高位在后。然后，DS18B20继续保持等待状态。当DS18B20接收到温度转换命令后，开始启动转换。

以12位转化为例说明温度高低字节存放形式及计算。12位转化后得到的12位数据，存储在DS18B20的两个高低8位的RAM中，二进制中的前面5位是符号位。如果测得的温度大于0，这5位为0，即符号位S=0，这时只要直接将测到的数值二进制位转换为十进制，再乘以0.0625即可得到实际温度；如果温度小于0，这5位为1，即符号位S=1，这时先将补码变换为原码，也就是测到的数值需要取反加1再计算十进制值，最后乘以0.0625才能得到实际温度。部分温度值对照见表4-6。

表4-6　部分温度对照表

实际温度值（℃）	数字输出（二进制）	数字输出（十六进制）
+125.0000	0000 0111 1101 0000	07D0H
+085.0000	0000 0101 0101 0000	0550H
+025.0625	0000 0001 1001 0001	0191H
+010.1250	0000 0000 1010 0010	00A2H
+000.5000	0000 0000 0000 1000	0008H
+000.0000	0000 0000 0000 0000	0000H
−000.5000	1111 1111 1111 1000	FFF8H
−010.1250	1111 1111 0101 1110	FF5EH
−025.0625	1111 1110 0110 1111	FE6EH
−055.0000	1111 1100 1001 0000	FC90H

如果DS18B20由寄生电源供电，除非在进入温度转换时总线被一个强上拉拉高，否则将不会有返回值。

针对DS18B20中TH（高温触发寄存器）和TL（低温触发寄存器），如果在某一测温系统中需要用到TH和TL寄存器时，总线控制器的读操作将从位0开始逐步向下读取数据，直到读完位8，而且TH和TL寄存器的内部结构和数据格式与片内其他寄存器是相同的。当然，针对TH和TL寄存器的读写和其他片内寄存器的读写也是相同的。在实际应用中，当

DS18B20初始化完成后，首先通过总线控制器发出的［B8H］指令将EEPROM中保存的数据召回到暂存器的TH和TL中，然后通过总线控制器发出的"读时隙"对器件暂存器进行读操作，只要将读到的每8bit数据及时获取，就可以很容易地通过总线控制器读出TH和TL寄存器数据；总线控制器对器件的写操作原理亦然，换句话说，只要掌握了其他寄存器的操作编程，就完全可以很容易地对TH和TL这两个报警值寄存器进行读写操作。同时，可以通过［48H］指令将TH和TL寄存器数据拷贝到EEPROM中进行保存。

在由DS18B20芯片构建的温度检测系统中，采用达拉斯公司独特的单总线数据通信方式，允许在一条总线上挂载多个DS18B20。那么，在对DS18B20的操作和控制中，由总线控制器发出的时隙信号就显得尤为重要。DS18B20芯片时隙有上电初始化时隙、总线控制器从DS18B20读取数据时隙、总线控制器向DS18B20写入数据时隙。

8. 温度监测模块软件

温度监测模块软件设计DS18B20的测温的原理严格遵守单总线协议，用来确保通信数据的准确性，单片机可以通过时序写入与读出DS18B20中的一些数据，其中包含初始化、读1、读0、写1、写0等操作。传感器在复位后，接收应答的信号，跳过读ROM中序列号后，启动温度转换，在等待温度转换完毕后，保存数据。如此反复，完成所有操作，其流程图如图4-36所示。

9. 软件代码

一些实用编写源代码程序及说明如下。

```
//串口显示DS18B20测得的温度
#include <OneWire.h>
OneWire ds(10);//连接10引脚
void setup(void)
{
    Serial.begin（9600);
}
void loop(void)
{
    byte i;
    byte present = 0;
    byte type_s;
    byte data［12］;
    byte addr［8］;
    float celsius, fahrenheit;
    if(!ds.search(addr))
    {
```

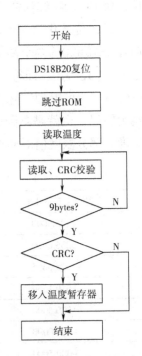

图4-36　温度监测模块流程

```
        Serial.println("No more addresses.");
        Serial.println();
        ds.reset_search();
        delay(250);
        return;
}
Serial.print("ROM =");
for( i = 0; i < 8; i++)
{
        Serial.write(' ');
        Serial.print(addr［i］, HEX);
}
if(OneWire::crc8(addr, 7) != addr［7］)
{
            Serial.println("CRC is not valid!");
            return;
}
Serial.println();
// the first ROM byte indicates which chip
switch(addr［0］){
    case 0x10:
        Serial.println("Chip = DS18S20");// or old DS1820
        type_s = 1;
        break;
    case 0x28:
        Serial.println("Chip = DS18B20");
        type_s = 0;
        break;
    case 0x22:
        Serial.println("Chip = DS1822");
        type_s = 0;
        break;
    default:
        Serial.println("Device is not a DS18x20 family device.");
        return;
}
```

```
ds.reset();
ds.select(addr);
ds.write(0x44, 1);    // start conversion, with parasite power on at the end
delay(1000);   // maybe 750ms is enough, maybe not
// we might do a ds.depower() here, but the reset will take care of it.
present = ds.reset();
ds.select(addr);
ds.write(0xBE);           // Read Scratchpad
Serial.print("  Data = ");
Serial.print(present, HEX);
Serial.print(" ");
for( i = 0; i < 9; i++) {      // we need 9 bytes
   data [ i ] = ds.read();
   Serial.print(data [ i ] , HEX);
   Serial.print(" ");
}
Serial.print(" CRC=");
Serial.print(OneWire::crc8(data, 8), HEX);
Serial.println();
// convert the data to actual temperature
unsigned int raw =(data [ 1 ] << 8) | data [ 0 ] ;
if(type_s) {
   raw = raw << 3; // 9 bit resolution default
   if(data [ 7 ] == 0x10) {
      // count remain gives full 12 bit resolution
      raw =(raw & 0xFFF0) + 12−data [ 6 ] ;
   }
} else {
   byte cfg =(data [ 4 ] & 0x60);
   if(cfg == 0x00) raw = raw << 3;   // 9 bit resolution, 93.75 ms
   else if(cfg == 0x20) raw = raw << 2; // 10 bit res, 187.5 ms
   else if(cfg == 0x40) raw = raw << 1; // 11 bit res, 375 ms
   // default is 12 bit resolution, 750 ms conversion time
}
celsius =(float)raw / 16.0;
fahrenheit = celsius * 1.8 + 32.0;
```

```
Serial.print("    Temperature = ");
Serial.print(celsius);
Serial.print(" Celsius，    ");
Serial.print(fahrenheit);
Serial.println(" Fahrenheit");
}
```

使用库函数onewire.h后程序简化如下：

```
#include <OneWire.h>
#include <DallasTemperature.h>
//定义DS18B20数据口连接arduino的2号IO上
#define ONE_WIRE_BUS 2
//初始连接在单总线上的单总线设备
OneWire oneWire(ONE_WIRE_BUS);
DallasTemperature sensors(&oneWire);
void setup(void)
{
    //设置串口通信波特率
    Serial.begin(9600);
    Serial.println("Dallas Temperature IC Control Library Demo");
    //初始库
    sensors.begin();
}
void loop(void)
{
    Serial.print("Requesting temperatures...");
    sensors.requestTemperatures(); // 发送命令获取温度
    Serial.println("DONE");
    Serial.print("Temperature for the device 1 (index 0) is: ");
    Serial.println(sensors.getTempCByIndex(0));
}
```

使用单片机编写源代码如下：

```
#include <reg51.h>
sbit DQ=P3^6;                      //数据传输线接单片机的相应的引脚
unsigned char tempL=0;             //设全局变量
unsigned char tempH=0;
unsigned int sdata;                //测量到的温度的整数部分
```

```
unsigned char xiaoshu1;              //小数第一位
unsigned char xiaoshu2;              //小数第二位
unsigned char xiaoshu;               //两位小数
bit fg=1;                            //温度正负标志
void delay(unsigned char i) { for(i;i>0;i--);}
// DS18B20复位
void Init_DS18B20(void)
{
    unsigned char x=1; //用X的值来判断复位是否成功
    while(x)
    {
while(x)
    {
        DQ=1; _nop_();_nop_();      //DQ先置高，稍延时
        DQ=0; delay(50);           //发送复位脉冲；延时550μs(>480μs)
        DQ=1; delay(6);            //拉高数据线；等待66μs(15~60μs)
        x=DQ;                      // 18B20存在的话X=0，否则X=1
    }
delay(20);
x= ~ DQ
}
DQ=1;;
}
// DS18B20读一个字节
unsigned char ReadOneChar(void)       //主机数据线先从高拉至低电平1μs以上，
    //再使数据线升为高电平，从而产生读信号
{
unsigned char i=0;       //每个读周期最短的持续时间为60μs，
//各个读周期之间必须有1μs以上的高电平恢复期
unsigned char dat=0;
for(i=8;i>0;i--)          //一个字节有8位
{
    DQ=1; _nop_(); _nop_();
    dat>>=1; DQ=0; delay(4);
if(DQ) dat|=0x80;
    delay(4);
```

```
    }
    DQ=1;
    return(dat);
}
// DS18B20写一个字节
void WriteOneChar(unsigned char dat)
{
    unsigned char i=0;
    //数据线从高电平拉至低电平，产生写起始信号。
    //15μs之内将所需写的位送到数据线上，
    for(i=8;i>0;i--)
    //在15～60μs之间对数据线进行采样，如果是高电平就写1，低写0发生。
    {
        DQ=0; //在开始另一个写周期前必须有1μs以上的高电平恢复期。
        DQ=dat&0x01; delay(5);
        DQ=1; dat>>=1;
    }
    delay(4);
}
// DS18B20读温度值(低位放tempL;高位放tempH;)
void ReadTemperature_Pre(void)
{
    Init_DS18B20();          // DS18B20复位
    WriteOneChar(0xcc);      //跳过读序列号的操作
    WriteOneChar(0x44);      //启动温度转换
    delay(120);              //转换需要一点时间，延时，也可以启动其他函数
}
// DS18B20读温度值（低位放tempL;高位放tempH;）
void ReadTemperature(void)
{
    Init_DS18B20();          //DS18B20复位
    WriteOneChar(0xcc);      //跳过读序列号的操作
    WriteOneChar(0xbe);      //读温度寄存器（头两个值分别为温度的低位和高位）
    tempL=ReadOneChar();     //读出温度的低位LSB
    tempH=ReadOneChar();     //读出温度的高位MSB
    Init_DS18B20();          // DS18B20复位
```

```
    WriteOneChar(0xcc);          //跳过读序列号的操作
    WriteOneChar(0x44);          //启动温度转换
    delay(120);                  //转换需要一点时间，延时，也可以启动其他函数
if(tempH>0x7F)       //最高位为1时温度是负
{
    tempL= ~ tempL;      //补码转换，取反加一
    tempH= ~ tempH+1;
    fg=0;                //读取温度为负时fg=0
}
    sdata = tempL/16+tempH*16;            //整数部分
    xiaoshu1 =(tempL&0x0F)*10/16;         //小数第一位
    xiaoshu2 =(tempL&0x0F)*100/16%10;     //小数第二位
    xiaoshu=xiaoshu1*10+xiaoshu2;         //小数两位
}
```

10. DS18B20优点

（1）采用单总线的接口方式与微处理器连接时仅需要一条口线即可实现微处理器与DS18B20的双向通信。单总线具有经济性好，抗干扰能力强，适合于恶劣环境的现场温度测量，使用方便等优点，使用户可轻松地组建传感器网络，为测量系统的构建引入全新概念。

（2）在使用中不需要任何外围元件。

（3）支持多点组网功能。多个DS18B20可以并联在唯一的单线上，实现多点测温。

（4）供电方式灵活。DS18B20可以通过内部寄生电路从数据线上获取电源，因此，当数据线上的时序满足一定的要求时，可以不接外部电源，从而使系统结构更简单，可靠性更高。

（5）测量参数可配置。DS18B20的测量分辨率可通过程序设定为9~12位。

（6）负压特性。电源极性接反时，温度计不会因发热而烧毁，但不能正常工作。

（7）掉电保护功能。DS18B20内部含有EEPROM，在系统掉电以后，它仍可保存分辨率及报警温度的设定值。

（8）可用数据线供电，供电电压范围3.0~5.5V。

（9）测量温度范围宽，测量精度高。测温范围−55~125℃。固有测温分辨率为±0.5℃。当在−10~85℃范围内，可确保测量误差不超过0.5℃，在−55~125℃范围内，测量误差也不超过2℃。

（10）通过编程可实现9~12位的数字读数方式。

（11）用户可自设定非易失性的报警上下限值。

（12）DS18B20的转换速度比较高，进行9位的温度转换仅需93.75ms。

（13）适配各种单片机或系统。

（14）内含64位激光修正的只读存储ROM，扣除8位产品系列号和8位循环冗余校验码（CRC）之后，产品序号占48位。出厂前产品序号存入其ROM中。在构成大型温控系统

时，允许在单线总线上挂接多片DS18B20。

（四）湿度传感器

湿度传感器HIH-3610如图4-37所示。

HIH-3610是美国Honeywell公司生产的相对湿度传感器，采用热固聚酯电容式传感头，同时在内部集成了信号处理功能电路。因此，该传感器可完成将相对湿度值变换成电容值，再将电容值转换成线性电压输出的任务。同时，该传感器还具有精度高、响应快、高稳定性、低温漂、抗化学腐蚀性能强及互换性好等优点。HIH-3610电压与湿度特性曲线如图4-38所示。

图4-37　湿度传感器HIH-3610

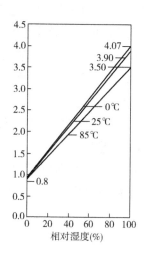

图4-38　HIH-3610电压与相对湿度特性曲线

1. 主要特性

（1）热固性聚合物电容传感器，带集成信号处理电路。

（2）3针可焊塑封。

（3）宽量程：0~100%RH非凝结，宽工作温度范围：-40~85℃。

（4）高精度：±2%RH，极好的线性输出。

（5）5V DC恒压供电，0.8~3.9V DC放大线性电压输出。

（6）供电范围广：4~5.8V。

（7）低功耗设计：200μA驱动电流。

（8）激光修正互换性。

（9）快速响应：5s慢流动的空气中。

（10）稳定性好，低温飘，抗化学腐蚀性能强。

2. 输出计算

由输出电压与相对湿度关系曲线可知HIH-3610输出电压为：

$$V_0=V_i\times（0.0062RH_0+0.16）\tag{4-21}$$

式中：V_0——输出电压；

V_i——电源电压；

RH_0——相对湿度。

即输出电压V_0不仅正比于温度测量值，且与电源电压值V_i有关，若V_i固定为5V，则其值仅由相对湿度值决定。

HIH-3610测量湿度值还与环境温度有关，故应进行温度补偿，补偿公式为：

$$RH = \frac{RH_0}{1.0546 - 0.00216T} \tag{4-22}$$

式中：T——环境摄氏温度值。

利用HIH-3610的线性电压输出可直接输入控制器或其他装置。一般仅需取出200μA电流，HIH-3610系列测湿传感器就能理想地用于低引出、电池供电系统。HIH-3610系列测湿传感器作为一个低成本、可软焊的单个直插式组件（SIP），提供仪表测量质量的相对湿度（RH）传感性能。RH传感器可用在两引线间有间距的配量中，它是一个热固塑料型电容传感元件，其芯片内具有信号处理功能。传感元件的多层结构对应用环境的不利因素，诸如潮湿、灰尘、污垢、油类和环境中常见的化学品具有极佳的抗力。HIH与单片机的连接如图4-39所示。

（五）温湿度传感器

现在有些传感器同时具有温度、湿度的检测功能。图4-40所示为温湿度传感器DHT11，其相关功能可以参考有关资料。

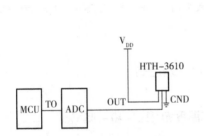

图4-39　HIH与单片机的连接

图4-40　温湿度传感器DHT11

第五章　WiFi应用技术

第一节　WiFi 技术简述

一、WiFi概述

无线通信及无线宽带网络技术中WLAN、Zigbee、UWB、WiMAX、3G和4G协议等都是21世纪热门的应用。无线通信网络根据无线通信的距离和带宽进行分类，如图5-1所示。WPAN无线个人局域网（Wireless Personal Area Network Communication Technologies）是一种采用无线连接的个人局域网，为了实现活动半径小、业务类型丰富、面向特定群体、无线无缝的连接而提出的新兴无线通信网络技术。WLAN无线局域网络（Wireless Local Area Networks）是利用射频的技术，使用电磁波，取代双绞铜线（Coaxial）所构成的局域网络，在空中进行通信连接。WMAN城域网（Wireless Metropolitan Area Network）基本上是一种大型的局域网（LAN），解决城域网的接入问题，通常使用与LAN相似的技术。WWAN无线广域网（Wireless Wide Area Network）是使得笔记本电脑或者其他的设备装置在蜂窝网络覆盖范围内，可以在任何地方连接到互联网，广域连线上的典型带宽比局域网低得多，广域网采用的交换方式是电路交换。

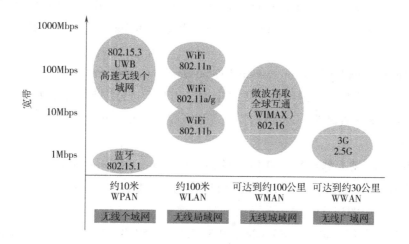

图5-1　无线网络协议的分类

WiFi英文全称Wireless Fidelity（无线保真技术），是一种允许电子设备连接到一个WLAN的技术，是一种可供用户在办公室和家庭中使用的可访问互联网等上层网络的短距离无线技术，连接到无线局域网通常是有密码保护的；但也可是开放的，这样就允许任何在WLAN范围内的设备可以连接上。WiFi又称IEEE802.11标准，是一个无线网络通信技术的品牌，通常使用2.4G UHF或5G SHF ISM射频频段。由WiFi联盟（WiFi Alliance，缩写为WFA）拥有，目的是改善基于IEEE 802.11标准的无线网路产品之间的互通性。

WFA专门负责WiFi认证与商标授权工作。严格地说，WiFi是一个认证的名称，该认证用于测试无线网络设备是否符合IEEE 802.11系列协议的规范。通过该认证的设备将被授予一个名为WiFi CERTIFIED的商标。WiFi凭借较高的传输速度、很长的有效距离和较高的兼容性成为了目前使用比较广泛的短距离无线技术。随着获得WiFi认证的设备普及，人们也就习以为常地称无线网络为WiFi网络了。

二、无线电频谱

IEEE 802.11是无线网络技术的官方标准，而WFA则参考802.11规范制订了一套WiFi测试方案（Test Plan）。不过，Test Plan和IEEE 802.11的内容并不完全一致。有些Test项包含了目前IEEE 802.11还未涉及的内容。另外，Test Plan也未覆盖IEEE 802.11所有内容。所以把WiFi定义为IEEE 802.11规范子集的扩展。

WiFi依靠无线电波来传递数据。绝大多数情况下，这些能收发无线电波的设备往往被强制限制在某个无线频率范围内工作。这是因为无线电波的频率（即无线频谱，Radio Spectrum）是一种非常重要的资源。所以目前大部分国家对无线频谱的使用都有国家级的管制。以下是几个主要国家的管制机构。

（1）美国的FCC（Federal Communication Commission），美国联邦通信委员会。

（2）欧洲的ERO（European Radiocommunication Office），欧洲无线电通信局。

（3）中国的MIIT（Ministry of industry and Information Technology），中国工信部下属的无线电管理局。

（4）国际电信联盟ITU（International Telecomunication Union）。

一般而言，无线频谱资源将按照无线电频率的高低进行划分。有一些频率范围内的频谱资源必须得到这些管制机构的授权才可使用，而有些频率范围的频谱资源无需管制机构的授权就可使用。

无需授权的频谱大部分集中在所谓的ISM（Industrial Scientific Medical）国际共用频段中。ISM由FCC定义，位于ISM频段的频谱资源被工业、科学和医学三个主要机构使用。不过，各国的ISM频段并不完全一致。例如，美国有三个频段属于ISM，分别是902M ~ 908MHz、2.400GM ~ 2.4835GHz和5.725GM ~ 5850GHz。另外，各国都将2.4GHz频段划分于ISM范围，所以WiFi、蓝牙等均可工作在此频段上。虽然无需授权就可以使用这些频段资源，但管制机构对设备的功率却有要求，因为无线频谱具有易被污染的特点，而较大的功率则会干扰周围其他设备的使用。

三、IEEE 802.11架构

（一）IEEE 802.11 的构成

IEEE（Institute of Electrical and Electronics Engineers）是美国电气和电子工程师协会的简称。802是该组织中一个专门负责制订局域网标准的委员会，成立于1980年2月，也称为局域网/城域网标准委员会LMSC（LAN/MAN Standards Committee），任务是制订局域网和城域网标准。

该委员会被细分成多个工作组（Working Group），每个工作组负责解决某个特定方面问题的标准。工作组也会被赋予一个编号（位于802编号的后面，中间用点号隔开），IEEE 802标准分成几个部分。802.1代表802项目的第1个工作组，对这组标准做了介绍并且定义了接口原语；802.2描述了数据链路层的上部，它使用了逻辑链路控制LLC（logical link control）协议；802.3描述了CSMA/CD局域网标准，与以太网有细微差别；802.4描述了令牌总线局域网标准；802.5描述了令牌环标准局域网标准，802.3 ~ 802.5标准均包括物理层和介质访问控制协议MAC（Medium Access Control）子层协议；802.11专门负责制订无线局域网的MAC及物理层（Physical Layer）技术规范。

与工作组划分类似，工作组内部还会细分为多个任务组（Task Group）。TG的任务是修改、更新标准的某个特定方面。TG的编号为大小写英文字母，如a、b、c、X等，大小写字母所代表的含义不同。小写字母的编号代表该标准不能单独存在，如802.11b代表它是在802.11上进行的修订工作，其本身不能独立存在；而大写字母的编号代表这是一种体系完备的独立标准，如802.1X则是处理安全方面的一种独立标准。

（二）IEEE 802.11 的版本

如图5-2所示，802.11—2012标准的PDF文档可从IEEE官方网站中下载，具体下载地址为 http://standards.ieee.org/about/get/802/802.11.html，其中包含并整理了从802.11a到802.11z各个版本（包括a、b、d、e、g、h、i、j、k、n、p、r、s、u、v、w、y、z）所涉及的技术规范。

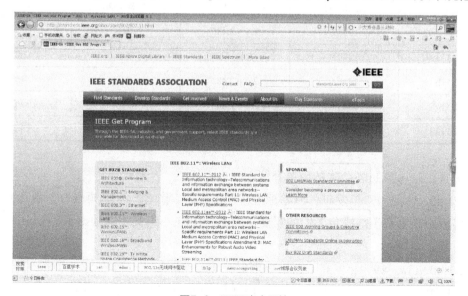

图5-2　IEEE官方网站

图5-3所示为802.11协议原文目录的一部分。802.11规范全称为《Part 11：Wireless LAN Medium Access Control（MAC）and Physical Layer（PHY）Specifications》。802.11规范定义了无线局域网中MAC层和PHY层的技术标准。2012年版的802.11协议全文共2793页，包含20个小节（clause），23个附录（从A到W）。

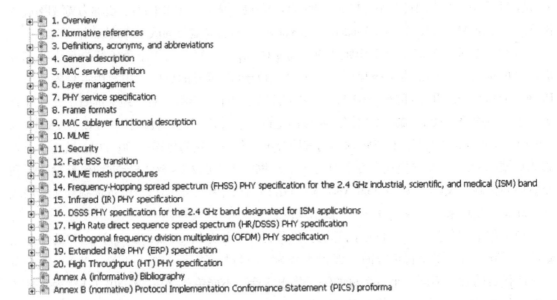

图5-3　802.11协议原文目录

由图5-3所示目录可知，802.11协议内容非常丰富，读者可阅读原始文档。802.11制订了无线网络技术的规范，其发展历经好几个版本（表5-1）。

表5-1　802.11无线网络技术的规范

协议	发布时间	频宽（GHz）	最大带宽（Mbps）	调制模式
802.11—1997	1997.6	2.4～2.485	2	DSSS
802.11a	1999.9	5.1～5.8	54	OFDM
802.11b	1999.9	2.4～2.485	11	DSSS
802.11g	2003.6	2.4～2.485	54	DSSS/OFDM
802.11n	2009.10	2.4～2.485/5.1～5.8	100	OFDM

以下是IEEE 802.11各版本的简单介绍。

（1）802.11。1997年发布，原始标准（2Mbps，工作在2.4GHz频段）。由于它在传输速度和传输距离上都不能满足人们的需要，因此，IEEE小组又相继推出了802.11b和802.11a两个新标准。

（2）802.11a。1999年发布，新增物理层补充（54Mbps，工作在5GHz频段）。

（3）802.11b。1999年发布，新增物理层补充（11Mbps，工作在2.4GHz频段）。

802.11b是所有无线局域网标准中最著名也是普及最广的标准。有时候它被称作WiFi。不过根据前文的介绍，WiFi是WFA的一个商标。

（4）802.11c。它在媒体接入控制/链路连接控制（MAC/LLC）层面上进行扩展，旨在制订无线桥接运作标准，但后来将标准追加到既有的802.1中，成为802.1d。

（5）802.11d。它和802.11c一样在媒体接入控制/链路连接控制（MAC/LLC）层面上进行扩展，对应802.11b标准，解决WiFi在某些不能使用2.4GHz频段国家中的使用问题。

（6）802.11e。新增对无线网络服务质量（Quality of Service，QoS）的支持。其分布式控制模式可提供稳定合理的服务质量，而集中控制模式可灵活支持多种服务质量策略，让影音传输能及时、定量，保证多媒体的顺畅应用，WFA将此称为WMM（WiFi Multi-Media）

（7）802.11f。追加了IAPP（inter-access point protocol）协定，确保用户端在不同接入点间的漫游，让用户端能平顺、无形地切换区域。不过，此规范已被废除。

（8）802.11g。2003年发布，它是IEEE 802.11b的后继标准，其传送速度为54Mbit/s。802.11g是为了更高的传输速度而制订的标准，它采用2.4GHz频段，使用CCK技术与802.11b后向兼容，同时它又通过采用OFDM技术支持高达54Mbit/s的数据流，所提供的带宽是802.11a的1.5倍。

（9）802.11h。是为了与欧洲的HiperLAN2相协调的修订标准。由于美国和欧洲在5GHz频段上的规划、应用上存在差异，故802.11h目的是为了减少对同处于5GHz频段的雷达的干扰。802.11h涉及两种技术，一种是动态频率选择（DFS），另一种技术是传输功率控制（TPC）。

（10）802.11i。2004年发布，新增无线网络安全方面的补充。于2004年7月完成。其定义了基于AES的全新加密协议CCMP（CTR with CBC-MAC Protocol），以及向前兼容RC4的加密协议TKIP（Temporal Key Integrity Protocol）。

（11）802.11j。它是为适应日本在5GHz频段以上的应用不同而定制的标准。

（12）802.11k。它为无线局域网应该如何进行信道选择、漫游服务和传输功率控制提供了标准。

（13）802.11l。由于"11L"字样与安全规范"11i"容易混淆，并且很像"111"，因此被放弃编号使用。

（14）802.11m。该标准主要对802.11家族规范进行维护、修正、改进，以及为其提供解释文件。m表示Maintenance。

（15）802.11n。2004年1月IEEE宣布成立一个新的单位来发展802.11标准，其标称支持的数据传输速度可达540Mbit/s。新增对MIMO（Multiple-Input Multiple-Output）的支持。MIMO支持使用多个发射和接收天线来支持更高的数据传输速度和无线网络涵盖范围。

（16）802.11p。又称WAVE（Wireless Access in the Vehicular Environment），是一个由IEEE 802.11标准扩充的通信协议，主要用于车载电子无线通信。它本质上是IEEE 802.11的扩充延伸，符合智能交通系统（ITS：Intelligent Transportation Systems）的相关应用。

（17）802.11r。2008年发布，新增快速基础服务转移（Fast Transition），主要是用来解决客户端在不同无线网络AP间切换时的延迟问题。

（18）802.11s。制订与实现目前最先进的MESH网络，提供自主性组态（self-configuring）、自主性修复（self-healing）等能力。无线Mesh网可以把多个无线局域网连在一起从而能覆盖一个大学校园或整个城市。Mesh本意是指所有节点都相互连接。无线Mesh网的核心思想是让网络中的每个节点都可以收发信号。它可以增加无线系统的覆盖范围和带宽容量。

（19）802.11t。提供提高无线广播链路特征评估和衡量标准的一致性的方法。

（20）802.11u。也称与外部网络互通（InterWorking with External Networks），它定义了不同种类的无线网络之间的网络安全互连功能，让802.11无线网络能够访问蜂窝网络（Cellular Network）或者WiMax等其他无线网络。

（21）802.11v。该标准主要针对无线网络的管理。它提供了简化无线网络部署和管理的重要和高效率机制。无线终端设备控制、网络选择、网络优化和统计数据获取与监测都属于802.11v建议的功能。

（22）802.11w。其任务是通过保护管理帧（无线网络MAC帧的一种类型，还有数据帧和控制帧。），以进一步提升无线网络的安全性。因为802.11i所涉及的安全技术只覆盖了数据帧，而随着无线技术的发展，越来越多的敏感信息（如基于位置的标识符以及快速传播的信息）却是通过管理帧来传播的，所以安全保护也需要拓展到管理帧。

（23）802.11y。该标准的目标是对在与其他用户共享的美国3.65G～3.7GHz频段中802.11无线局域网通信的机制进行标准化。

（三）802.11 物理组件

802.11无线网络包含四种主要物理组件，如图5-4所示。

（1）Station（STA）。工作站，其定义是"A logical entity that is a singly addressable instance of a MAC and PHY interface to the WM"。即STA是指携带有无线网络接口卡（无线网卡）的设备，例如笔记本、智能手机

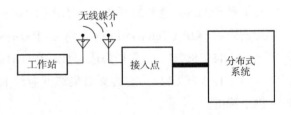

图5-4 802.11四大主要物理组件

等。另外，无线网卡和有线网卡的MAC地址均分配自同一个地址池以确保其唯一性。

（2）Wireless Medium（WM）。无线媒介：指能传送无线MAC帧数据的物理层。规范最早定义了射频和红外两种物理层，但目前使用最多的是射频物理层。

（3）Access Point（AP）。接入点，定义是"An entity that contains one STA and provides access to the distribution services, via the WM for associated STAs"。即AP本身也是一个STA，只不过它还能为那些已经关联的STA提供分布式服务（Distribution Services）。

（4）Distribution System（DS）。分布式系统，定义为"A system used to interconnect a set of basic service sets（BSSs）and integrated local area networks（LANs）to create an extended

service set（ESS）"。即DS的定义涉及
BSS、ESS等无线网络架构。一般家用
无线路由器一端通过有线接入互联网，
另一端通过天线提供无线网络。当打开
Android手机上的WiFi功能，并成功连接
到此无线路由器提供的无线网络，可以
假设其网络名为"TP-LINK_123456"，
可在路由器中设置，路由器一端通过
有线接入互联网，故可认为它整合了
LAN。不论路由器是否接入有线网络，
手机（扮演STA的角色）和路由器（扮
演AP的角色）之间建立了一个小的无线
网络。该无线网络的覆盖范围由AP即路
由器决定。这个小网络就是一个BSS。

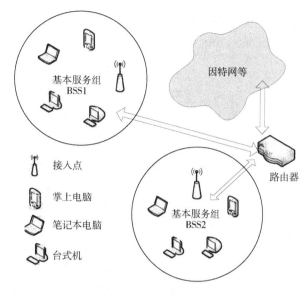

图5-5 DS的构成

大部分情况下，DS是指有线网络，如图5-5所示，通过它可以接入互联网。规范中定义
portal的逻辑模块（logical component）用于将WLAN和LAN结合起来。由于WLAN和LAN使用
的MAC帧格式不同，所以portal的功能类似翻译，它在WLAN和LAN间转换MAC帧数据。目
前，portal的功能由AP实现。

（四）网络结构

802.11规范中，基本服务集（Basic Service Set，简写为BSS）是整个无线网络的基本
构建组件（basic building block）。BSS有独立型BSS（Independent BSS）和基础结构型BSS
（Infrastructure BSS）两种连接方式。如图5-6独立型BSS，不需要AP参与。各STA之间可直
接交互。这种网络也叫ad-hoc BSS，即自组网络或对等网络。Independent BSS缩写为IBSS。

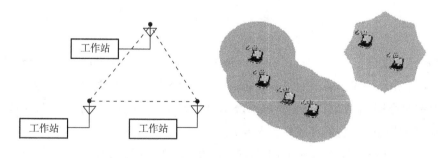

图5-6 独立型BSS

如图5-7所示，基础结构型BSS中所有STA之间的交互必须经过AP，AP是基础结构型
BSS的中控台，能为那些已经关联的STA提供分布式服务，又称为基站模式。这也是家庭或
工作中最常见的网络架构。在这种网络中，一个STA必须完成诸如关联、授权等步骤后才
能加入某个BSS，而且一个STA一次只能属于一个BSS。根据前文所述，AP也是一个STA。

但此处STA和AP是两个不同的设备。Infrastructure BSS没有对应的缩写。一般用BSS代表
Infrastrucutre BSS。

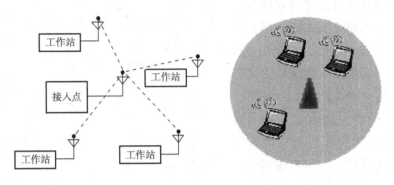

图5-7　基础结构型BSS

如图5-8所示，在BSS的结构网络覆盖范围由该BSS中的AP决定，在某些情况下需要几
个BSS联合工作以构建一个覆盖面更大的网络，这就是一个ESS（Extended Service Set，扩展
服务集）。

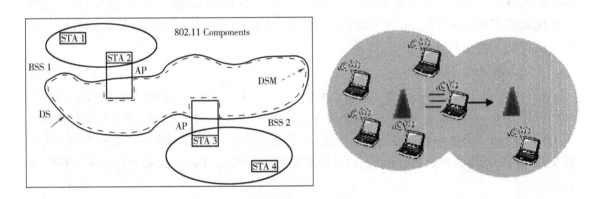

图5-8　ESS示意图

ESS在规范中的定义是"A set of one or one interconnected BSSs that appears as a single BSS
to the LLC layer at any STA associated with one of those BSSs"。ESS是对BSS的扩展。一个ESS
可包含一个或多个BSS，如图5-8中所示的BSS1和BSS2。BSS1和BSS2本来各自组成了自己的
小网络。在ESS结构中，它们在逻辑上又构成了一个更大的BSS。这意味着最初在BSS2中使
用的STA4（利用STA3，即BSS2中的AP上网）能跑到BSS1的范围内利用它的AP（即STA2）
上网而不用做任何无线网络切换之类的操作。此场景在手机通信领域很常见。例如在移动
的汽车上打电话。此时手机就会根据情况在物理位置不同的基站间切换语音数据传输而不
影响通话，即切换过程属于Roaming（漫游）范畴。

ESS中的多个BSS对外看起来就像一个BSS，只要设置其内部BSS的SSID（Service Set
Identification）为同一个名称，就拥有相同的SSID，并且彼此之间协同工作，ESS的SSID就

是其网络名（network name）。目前在校园网内部多个网络之间逐步实现漫游功能，校园与校园之间的网络实现漫游。然而目前随着WiFi技术的推广，家庭和工作环境中存在多个无线网络（即存在多个ESS）的情况有本质不同。在多个ESS情况下，用户必须手动选择才能切换到不同的ESS。

上述网络都有所谓的Identification，对于BSSID，每一个BSS都有自己的唯一编号，称为BSS Identification。基础结构型网络中，BSSID就是AP的真实的MAC地址。IBSS中，其BSSID是随机生成的MAC地址。对于SSID（Service Set Identification），一般BSSID会和一个SSID关联。BSSID是MAC地址，而SSID就是网络名。由于网络名是一个可读字符串，因此比MAC地址更方便记忆。

四、WiFi芯片的生产厂家

对于产品的设计者而言，选择合适的WiFi芯片十分重要，下面先介绍主流的WiFi芯片原厂。

（1）上海乐鑫。乐鑫信息科技（上海）有限公司总部位于上海张江高科技园区，是一家先进、专业的无晶圆半导体公司，致力于研发设计WiFi和蓝牙技术的无线系统级芯片，提供移动通信和物联网解决方案。上海乐鑫的芯片具有完全的WiFi功能，同时带一个32bit MCU的SoC，可以取代原Arduino核心板+WiFi扩展板完成的大部分应用。典型的、可独立运行的模块，外部元器件10个以内（实际7个外围元器件就行）。其外形如图5-9所示，引脚如图5-10所示。

 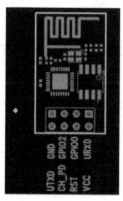

图5-9　WiFi芯片的外形　　　　　　　　图5-10　WiFi芯片的引脚

产品参数：可用RAM在50kB左右，主频80MHz；是一个完整且自成体系的WiFi；网络解决方案，能够搭载软件应用，或通过另一个应用处理器卸载所有WiFi网络功能。

在搭载应用并作为设备中唯一的应用处理器时，能够直接从外接闪存中启动。内置的高速缓冲存储器有利于提高系统性能，并减少内存需求。另外一种情况是，无线上网接入承担WiFi适配器的任务时，可以将其添加到任何基于微控制器的设计中，连接简单易行，只需通过SPI/SDIO接口或中央处理器AHB桥接即可。

强大的片上处理和存储能力，使其可通过GPIO口集成传感器及其他应用的特定设备，实现前期的开发和运行中最少地占用系统资源。

高度片内集成，包括天线开关balun、电源管理转换器，因此仅需极少的外部电路，且包括前端模块在内的整个解决方案在设计时将所占PCB空间降到最低。装有的系统表现出来的领先特征有：节能VoIP在睡眠/唤醒模式之间的快速切换、配合低功率操作的自适应无线电偏置、前端信号的处理功能、故障排除和无线电系统共存特性为消除蜂窝/蓝牙/DDR/LVDS/LCD干扰。

乐鑫芯片出现以来，针对不同的应用环境发布了多个WiFi芯片版本，如01～12E等不同的版本，但是它们只是应用范围的不同，在开发上没有多大区别。

（2）Broadcom（美国）。中文为博通公司，是全球领先的有线和无线通信半导体公司。其产品实现向家庭、办公室和移动环境以及在这些环境中传递语音、数据和多媒体。Broadcom为计算和网络设备、数字娱乐和宽带接入产品以及移动设备的制造商提供业界最广泛的、一流的片上系统和软件解决方案。

（3）Atheros（美国）。中文名称为创锐讯通信技术，Atheros是一家年轻的公司，1999年由斯坦福大学的Teresa Meng博士和斯坦福大学校长，MIPS创始人John Hennessy博士共同在硅谷创办，现已和高通合并。

（4）Marvell（美国）。中文为美满科技集团有限公司，成立于1995年，总部在硅谷，在中国上海设有研发中心，是一家提供全套宽带通信和存储解决方案的全球领先半导体厂商，针对高速、高密度、数字资料存储和宽频数字数据网络市场，从事混合信号和数字信号处理集成电路设计、开发和供货的厂商。

（5）TI（美国）德州仪器。

（6）Ralink（台湾）。中文为雷凌，被联发科（MTK）收购。

（7）Realtek（台湾）。中文为瑞昱。

（8）北京新岸线。

（9）北京盛德微。

（10）上海澜起。

（11）上海庆科。

（12）深圳南方硅谷。

五、WiFi技术的优点和缺点

（一）WiFi技术的优点

（1）无线电波的覆盖范围广。基于蓝牙技术的电波覆盖范围非常小，半径大约只有50英尺约合15m，而WiFi的半径则可达300英尺约合100m。

（2）速度快，可靠性高。802.11b无线网络规范是IEEE 802.11网络规范的变种，最高带宽为11Mbps，在信号较弱或有干扰的情况下，带宽可调整为5.5Mbps、2Mbps和1Mbps，带宽的自动调整，有效地保障了网络的稳定性和可靠性。

（3）扩展性与灵活性较好。无线网络的覆盖范围较大，只要在家里或是家附近搜索到了无线信号，便能连接上，从而实现随时随地的上网。相对于GPRS来讲速度快，且不需要额外交纳流量费。

（二）WiFi 技术的缺点

（1）WiFi技术只能作为特定移动WiFi技术的应用。相对于有线网络来说，无线网络在其覆盖的范围内，它的信号会随着离节点距离的增加而减弱，WiFi技术本身11Mbps的传输速度有可能因为距离的增加到达终端用户的手中只剩1Mbps的有效速度，而且无线信号容易受到建筑物墙体的阻碍，无线电波在传播过程中遇到障碍物会发生不同程度的折射、反射、衍射，使信号传播受到干扰，无线电信号也容易受到同频率电波的干扰和雷电天气等的影响。

（2）WiFi网络由于不需要显式地申请就可以使用无线网络的频率，因而网络容易饱和而且易受到攻击。WiFi网络的安全性差强人意。802.11提供了一种名为WEP的加密算法，它对网络接入点和主机设备之间无线传输的数据进行加密，防止非法用户对网络进行窃听、攻击和入侵。但由于WiFi天生缺少有线网络的物理结构的保护，而且也不像要访问有线网络之前必须先连接网络，如果网络未受保护，只要处于信号覆盖范围内，只需通过无线网卡别人就可以访问到你的网络，占用你的带宽，造成你信息泄露。

（3）无线网络的发射功率比一般的手机要微弱得多。无线网络发射功率为60m～70mW，而手机发射功率约200mW，而且使用的方式也不像手机一样直接接触于人体，到达人体一般都不到1mw，基本上可忽略不计。因此WiFi辐射对人体的影响很小。

（4）开销稍大。如果modem没有自带无线路由功能的话，需要额外购买无线路由器，另外，组建家庭局域网络的一大问题是安全保障，特别是使用宽带上网时尤为重要。

六、WiFi使用中注意的几个概念

（一）猫和路由器

想用宽带虚拟拨号上网必须要有modem，俗称猫，是上网用的重要调制解调器，作用是将电话线上的模拟信号转化为计算机上能处理的数字信号。计算机发送的数字信号转换为适应模拟信道传输的信号的过程称为调制，实现调制的设备就称为调制器。把经过调制后信号还原成数字信号的过程称为解调，相应的设备叫作解调器。调制解调器便是具有这两种设备功能的器件。

调制解调器的通信方式有三种，即单工方式、半双工方式和全双工方式。根据调制解调器与计算机的联接方式可以分为两种，即外接式调制解调器和内置式调制解调器。根据信号的调制方式，调制解调器分为频带调制解调器和基带调制解调器。常用的调制解调器设置命令有拨号命令（ATDT）、应答命令（ATA）、摘机/挂机命令（ATH）、设置缺省值（ATZ）、保存设置（AT&W0）。

但是用modem只能实现一台计算机上网，若要实现多台计算机共享上网，就需用到路由功能。所谓路由器，即作为网络之间互相连通的枢纽，是一种具备路由功能的节点设备。

由于各地modem不尽相同，根据modem所带路由功能及LAN端口数可分为以下几种情况。

（1）modem不带路由功能。这种modem没有配置路由功能，要使用WiFi需要自行购买无线宽带路由器。

（2）modem带路由功能，LAN端口为一个或多个。这种仅有基本路由功能没有无线路由功能的modem在前些年更为常见，由于不带无线AP，因此需要另外配置无线路由器才能实现手机WiFi上网。

（3）modem带无线路由功能，LAN端口为一个。这种modem开启无线路由功能后便能够用手机WiFi上网了，不过由于LAN端口限制，需另外接个HUB（集线器）以让更多的计算机能共享上网，此种方式常见于家庭或单位共享上网。这里另接的集线器可以用有线路由器的多个LAN口替代（把路由器当集线器用），在实现共享上网方面的效用是一样的。

（4）modem带无线路由功能，LAN端口为多个。这种无线宽带modem很好很强大，仅用这么一个设备就可以实现手机WiFi上网+多台共享上网。

其实办理宽带业务时运营商附送的modem常同时内置了路由功能，但是为了防止一个账号带多台计算机一起上网，默认状态是未开启路由功能的，把路由功能给锁住了。独立的路由器比起自带路由功能的modem更为强大，因为它除了路由转发功能外，还带有权限控制（VPN）、防火墙、虚拟服务器（DMZ）等多种功能，而自带路由功能的modem在功能性和稳定性上与之相比还差一大截，当然对于一般家庭使用来说，带路由的modem够用了。

（二）WiFi 与 WLAN、GPRS

WiFi属于WLAN技术中的一种，是无线局域网的一种连接方式。WLAN是英文Wireless Local Area Network（无线局域网络）的缩写，指应用无线通信技术将计算机设备互联起来构成可以互相通信和实现资源共享的网络体系。无线局域网本质的特点是不再使用通信电缆将计算机与网络连接起来，而是通过无线的方式连接，从而使网络的构建和终端的移动更加灵活。

（1）从速度上比较。GPRS是一种分组交换系统，每载频最高能提供107kbps的接入速度，属于窄带接入范畴。由于是借助手机网络，所以速度比较慢，实际速度受到很多因素影响，仅和56kbps Modem相称。而WLAN 最基本的802.11b标准可达11Mbps，属宽带范畴，假如是54Mbps的无线网络，波特率将会更高。速度上根据无线网络设备使用的标准不同可以实现从11Mbps至54Mbps的速度。

（2）从覆盖范围上比较。GPRS是构建在GSM网络基础上的，其单点有效覆盖范围远比WLAN的AP（即无线接入点）覆盖范围要大。WLAN的覆盖范围有限，一般民用无线网络环境仅在AP四周20～100m内有效。但随着宽带运营商无线"热点"的安装越来越多和可支持WiFi设备的日益普及，WLAN 会得到越来越广泛的运用。

（三）WiFi 与无线低速网络

典型的无线低速网络协议有蓝牙（Bluetooth）、红外（Infrared）和紫蜂（802.15.4/

ZigBee）三种形式。

1.蓝牙技术

一种短距离低功耗传输协议，最早始于1994年，由瑞典的爱立信公司研发，采用的是调频技术（frequency-hopping spread spectrum），频段范围是2.402G～2.480GHz。通信速度一般能达到1Mbps左右，新的蓝牙标准也支持超过20Mbps的速度。通信半径从几米到100m，常见为几米。

蓝牙主要是为了替换一些个人用户携带设备的有线，如耳机、键盘等。这些设备对带宽的要求相对较少，或者说不是经常使用，比如手机间的传送小文件，或者说这些设备的资源拥有量，比如电量、计算资源等，相对较低。而WiFi的定位目标是为了取代网络应用中的有线设备，能够真正地实现从有线到无线的转变，可以用来传送各种文件，如视频、音频等，实现互联网的各种应用。

2.红外技术

红外通信技术利用红外线传输数据，比蓝牙技术出现更早，是一种较早的无线通信技术。红外通信采用的是875nm左右波长的光波通信，通信距离一般为1m左右。设备体积小、成本低、功耗低、不需要频率申请等优势。但是设备之间必须互相可见，对障碍物的衍射较差。

3.紫蜂技术

紫蜂这个词语使用的频率很低，一般直接使用Zigbee。来源于群体的通信方式。蜜蜂是靠飞翔和"嗡嗡"地抖动翅膀的"舞蹈"传递花粉方位信息。Zigbee是基于IEEE802.15.4标准的低功耗局域网协议。根据这个协议规定，Zigbee技术是一种短距离、低功耗的无线通信技术。其基本特点是短距离、低复杂度、自组织、低功耗、低数据速度、低成本，可以嵌入各种设备，主要适合用于自动控制和远程控制领域。

第二节 细纱车间单锭管理系统

一、概述

（一）研究背景、目的与意义

在环锭纺纱的生产过程中，获取从前罗拉输出至筒管之间连续的细纱条出现断纱的相关信息，并对其存储、统计、分析的一种自动化智能系统，被称为环锭纺细纱断纱管理系统。虽然环锭纺细纱断纱管理系统作为一种辅助生产的管理方法，不能直接生产产品，但是它能够为纺纱企业提供更加科学的管理办法，为生产决策提供数据支持，推动企业实现管理智能化。此外，该管理方法可以减少企业用工，提高经济效益。为了方便叙述，下文将环锭纺细纱断纱管理系统简称为断纱管理系统。

环锭纺细纱断纱在线检测系统是在环锭纺正常纺纱生产过程中，对从前罗拉输出至筒管之间连续的细纱条是否发生细纱断头进行不间断的检测、分析以及指示的一种自动化系统。细纱机如图5-11所示。

1.研究背景

我国是纺织大国，作为我国的传统产业，纺织工业一直满足着人们的衣着消费。在众多纺织品加工生产过程中，棉纺织占有最大的份额。我国棉纺生产加工能力居世界首位，2000年我国纺织纤维加工量全球占比为22.3%，2013年提高到53.8%，目前我国纺织纤维加工量占据了全球的半壁江山。细纱工序是棉纺中的重要环节，细纱主要有两类生产技术，一类是已有100多年历史的环锭纺纱方式，另外一类是包括喷气纺、转杯

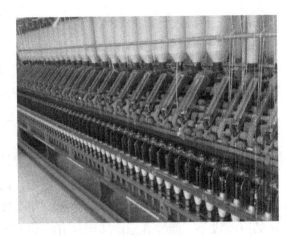

图5-11　细纱机

纺、涡流纺等在内的新型纺纱方式。而环锭纺作为目前使用最多的纺纱方式，通过不断的技术改进与创新，在多种纺纱方式共同发展中持续保持领先地位。纱线的生产作为纺织产业链的第一道工序，其成纱质量的好坏将直接影响后续加工织造。因此，企业将纺纱质量管理作为发展的一项重要系统工程，从原料的选择、设备的运行状态、工艺参数的设置、车间环境的控制到挡车工和维护人员的工作效率都是其中的重要组成部分。进入21世纪以来，环锭纺不仅在纺纱技术上不断进步，同时以电子信息技术为主导，引入高科技在智能化、自动化管理方式上取得重大创新。

在纺纱的过程中，断头是在纺纱张力高于棉纱强力时出现的。细纱千锭时断头数是衡量纺纱企业技术管理水平的重要指标，它是纺纱生产技术全系统综合效果的体现。细纱工序是纺纱流程中机台最多、运转时间最长、管理难度最大的工序，车间内几万个锭子不停地运转，时刻都有可能出现故障和断头锭子。这对生产的影响主要体现在两个方面：一是生产的纱线因故障锭位出现弱捻等现象造成断头的出现，降低成纱质量；二是断头不能及时得到处理会影响生产。传统的对断头的管理办法依靠人工检查，需要操作人员在统计过程中仔细寻找并处理断头。由于车间环境嘈杂，有些断头不易被发现，有些断头无法识别等原因，在操作人员刚接好离开后又断了。由此看来，人工管理办法不仅消耗大量人力，同时统计的准确性也不高，不能为生产管理提供有效的数据支持。鉴于以上原因，急需一种代替人工管理的细纱断纱管理系统，这也引起了国内外厂商及研究机构的重视。然而现有的断纱管理系统存在以下两个方面的问题：首先，系统多停留在检测功能，不能实现智能化管理；其次，现有的断纱管理系统价格高、回报率低，不能被国内中小企业所接受。

2.研究目的与意义

纱线断头对细纱生产过程有很大的影响，包括原材料的消耗、纱线品质、工艺设置和生产计划、管理工作等多个项目。目前纺纱企业对断头的管理仍然处于人工统计阶段，统计效率低，并且不具备系统化管理与改进能力。如何实时监控细纱断接头状态、明确断头

分布、溯源故障锭位、分析断头产生的原因、提高生产计划的准确性是纺纱企业细纱管理水平提高的关键。为了解决这一问题，开发了细纱断纱管理系统，它是一种专门用于细纱车间断纱状态自动监控的智能化系统，能够辅助企业管理工作，并为工艺参数的优化提供数据依据。

断纱管理系统的开发与研究对纺织产业有很大意义。多年来，我国纺织业不断发展，在劳动成本、加工配套水平和产业链完整性方面都有较强的竞争力，然而与发达国家相比较，我国纺织企业的总体实力还是相对落后的，在全球产业链中仍然处于生产加工阶段，信息化管理水平不高，自动化装置技术相对也比较落后等。

目前，很多纺织企业还是存在纱线断头多、生产效率低、产品质量差以及工作人员流失大的现象，如何利用现代化技术、提高企业的生产管理水平是一个关键问题。本课题开发细纱断纱管理系统，一方面，对单锭位精细化管理，实时监控断纱数据，及时反馈断头的分布，利于分析原因改善工艺，并对历史数据存储管理，挖掘有效信息辅助生产管理。另一方面，减少人工统计的工作量，缓解行业劳动密集的现状，提高纺织企业信息化管理水平。同时，本课题涉及纺织工业、自动化控制、质量管理等多个领域，通过本课题的实施可以带动多学科的共同发展。

在社会快速发展转型的时代，纺织行业应该将科学管理技术作为重要支撑。断纱管理系统的开发作为科学的管理手段，虽然不能直接提供生产力，但可以提高纺纱企业管理水平，促使我国实现从纺织大国到纺织强国的转变。

（二）环锭纺智能化发展国内外研究现状

随着高新技术向纺织业的导入，特别是信息化技术在传统纺织业内的应用，纺织产业的结构正在发生深刻变化，企业的经营规模和市场的逐步扩大，迫切需要进一步强化管理水平，企业管理智能化成为一种发展趋势。棉纺行业的智能化发展为提升企业智能化和信息化水平提供了一个解决方案。其中，环锭纺的智能化发展概括表现在三个方面：通过自动化新技术实现"机器换人"；通过连续化新技术实现细纱工序的减少；通过智能化与数字化新技术实现生产在线监控与管理。

如图5-12所示，利用特定频率的光束跟踪钢丝圈在钢领上运动特性，从而获取钢丝圈运动信息，并通过光电转换得到钢丝圈运转频率信号，经机台计算机运算后判断纺纱系统是否正常。安装单锭检测系统后的细纱机如图5-13所示。

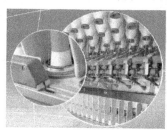

图5-12 典型单锭系统的探头

图5-13　典型单锭系统细纱机

1. 自动化新技术实现"机器换人"

传统纺纱生产中，用工最多的工序之一就是细纱工序，而集体自动落纱技术的应用减轻了落纱工人繁重的体力劳动，将原本由人工完成的落纱、插管工序转换成自动落纱、自动插管、自动运输纱管，从而实现"机器换人"。目前自动落纱技术在国内细纱机上的应用已有将近10年的时间，随着技术的不断成熟，业内已对其效果取得了共识。相对人工落纱，自动落纱减少停台时间1~2min、落纱后留头率增加3%~5%、落纱工的人数减少1/2~2/3，目前已在国内著名大型纺纱企业投入使用，如安徽华茂、江苏大生等。

2. 连续化新技术减少细纱工序

在纺纱工序中，目前国内外应用比较广泛的两项技术是粗细联和细络联。粗细联的采用在取消粗纱运输工作的同时，避免了粗纱在人工运输中造成的疵点，在一定程度上提高了成纱质量。天津大学的朱智伟等人对JWF9562型粗细联送输系统进行深入研究，使用有限元的方法分析优化了系统的轨道和梁等，确保整体结构安全稳定。目前纺纱企业十分关注的话题之一就是对细络联的使用，国外纺纱企业均已使用"细络联"生产，如德国青泽公司生产的R72型细纱机与赐来福公司的X5型自动络筒机的联接。

3. 智能化新技术实现生产智能监控与管理

随着纺纱技术的进步，目前国内外已有多家公司和研究团队研发后推出智能化新技术在环锭纺生产中的应用，其中典型代表就是纱线生产智能监控与管理技术。

汤荣秀等人对基于CAN总线的断纱检测控制系统进行研究。该研究使用CAN总线作为上位机与下位机之间的通信桥梁，开发了一种应用于纺织机械的多路断纱检测控制系统。该系统在纱线出现断头、空锭或张力波动明显的情况时，能够自动断开电路，并控制锭位停止工作。

江苏霍克智能科技有限公司自主研发的D-S800环锭纺纱线智能在线检测系统，它对环锭纺纱过程中细纱断头和锭带打滑现象进行实时在线检测。该系统通过现场总线将检测结果传输至数据库，主要具备四项功能：通过安装断纱检测传感器实现细纱单锭断纱检测；通过细纱断纱时粗纱停止喂入，减少原材料的浪费；通过对打滑锭带的检测，使成纱质量得到提高；通过在细纱机的车头车尾安装报警指示系统，显示机台断头相关情况。

普瑞美公司推出的UITIMO细纱单锭检测系统，它针对细纱机单个锭子的生产和质量进行全面在线监控。该系统的主要功能包括单锭断头指示、单机台监控、车间生产状态监控、耗电监控等几个部分。断头检测主要通过在每个锭子前安装一个磁性传感装置检测钢丝圈的运动状态来实现，同时获取钢丝圈的运转速度；单机台监控主要显示各机台的断头、不良锭子等信息；车间生产状态监控是对所有细纱机进行监控，记录每台细纱机的运转状态、台差等数据；耗电监控是指系统可实时检测设备电压、电流和功率信息，并对各机台进行直观的对比。

立达公司推出蜘蛛网纱厂监控系统SPIDERweb，是一个从开清棉至纺纱机的纱厂监控系统。由集成在机器内部的传感器来获取质量数据，并长期存储于数据库中。系统主要包括了四个方面的功能：效率一览、质量数据、纺纱锭位监控和班次报表。效率一览可以总览整个纺纱厂的生产状况；质量数据分为两个部分，针对并条机和清纱器，系统提供并条机的波谱图和来自清砂器的纱疵数据；纺纱锭位监控是通过在环锭细纱机上安装ISM单锭监控装置获取细纱机各个纺纱锭位运行特征的详细数据，并借助SPIDERweb进行数据分析；班次报表是班次相关的重要数据，可以根据客户指定的各种标准进行设置，为厂部管理人员对班次生产考核提供数据依据。蜘蛛网纱厂监控系统SPIDERweb是一个针对纺纱厂整体生产状态的监控系统，对提高纱厂质量管理水平有重要意义。

环锭纺纱技术拥有悠久的历史，与新型纺纱方法相比较，拥有如下优势：可使用的原料广泛、可纺线密度的范围广、产品适应性好等。而环锭纺技术同时也存在纺纱工序多、设备生产的效率低、自动化水平低、用工多、管理水平落后等弊端。近年来，针对环锭纺纱技术中存在的弊端，通过不断的技术创新，积极采用连续化、自动化、智能化等新技术来实现传统环锭纺细纱机的改造，已取得了明显的进步。

二、系统分析与功能模块设计

（一）细纱车间单锭管理现状与需求分析

细纱车间内锭子的数量决定了一个纺纱厂的规模，以某厂的一个车间为例，共有细纱机280台，每台细纱机480锭，生产中每个车间每天都有几万个锭子在不停地运转，每时每刻都有可能出现纱线断头、打滑失速锭子，在保全人员整车维护前，这些故障锭位都一直在生产不合格的纱线，同时断头不能得到及时的处理将浪费大量的生产原材料。在纺纱车间，传统的对断头管理办法都是使用人工方式完成的，管理类型分为两类。一是对异常锭位的管理，挡车工不断巡回在车弄，对纱线断头锭位进行接头，在操作过程中发现断头异常锭位，对其进行标记，再由保全工人定时对其进行维护；二是对千锭时断头数的统计管理，实验员在一个车弄同时检查两个半台，统计测试时间内小纱、中纱和大纱的断头数，最后按照公式计算千锭时断头数。所有断纱相关信息的获取、统计和计算都是由操作人员手工完成的，再输入计算机生成报表。由于纺纱车间具有机械设备数量多、生产工艺品种多的特点，再加上环境嘈杂，都给信息化管理带来不便。传统的人工管理方式主要有以下不足。

（1）对单台设备进行描述的生产数据不多，对设备运行状态不明确，无法为生产管理工作提供有力的数据支持。

（2）对单锭位描述的数据不多，无法溯源异常锭位。

（3）断头相关数据的连续性和一致性比较差，很多情况下还需要对数据进行处理，效率低，且不可避免引入人为错误。

（4）断头相关数据具有一定的滞后性，当发现故障时，问题往往已对生产造成了很大的影响。

（5）工作强度大，消耗大量人力物力，通常情况下，大约每10台细纱机需要挡车工和保全工各1名，用工成本高。

细纱断纱管理系统就是为解决上述人工管理方式的不足而展开的，管理系统应该实现以下目标：第一，实现生产数据的自动获取，这是后续工作的基础；第二，实现生产数据实时监控，并将历史数据存储于数据库中，数据具备一定的标准化和规范化，具备自动统计的能力，明确车间生产状况；第三，对数据进行深度分析，为管理者的生产决策提供有力的数据支持，加快车间的信息化发展，提高管理水平和生产效率。

（二）系统总体设计框架

根据纺纱车间的生产环境与系统的需求分析，本文设计的总体框架如图5-14所示。系统从结构上分为三个层次，Ring Route断纱检测装置与所在机台构成的数据采集层、各个机台与车间监控中心构成的数据通信层和监控中心的工控机构成的数据管理层。

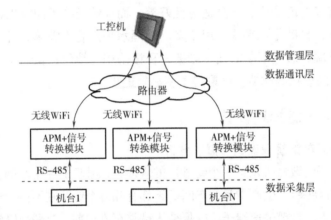

图5-14　细纱断纱管理系统框架图

如图5-15所示，每个纺纱生产车间内都有多台细纱机，系统为每台细纱机的每个锭位都安装Ring Route断纱检测装置，在此检测装置的基础上自动获取断纱数据，精准的数据获取为系统后续功能打下基础。

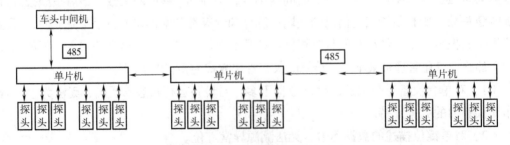

图5-15　细纱单锭探头布置方法

通常情况下，在数据通信层每台细纱机安装一个ARM机和信号转换模块，检测层获取的断纱数据通过RS-485通信和必要的信号转换传送至ARM机，ARM同时负责车头指示灯和与车间工控机通信的任务。如图5-16所示。

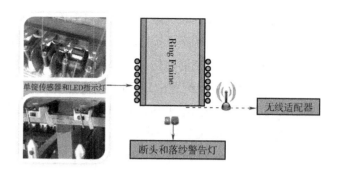

图5-16 细纱单锭探头实物及通信示意图

在数据管理层为每个车间配备一台工控机作为车间监控中心，与各个机台的ARM机完成数据交换过程。车间的监控中心所在位置往往与各个机台之间的距离较远，那么如何将生产车间所采集到的断纱数据实时发送至监控中心，也是系统在设计中需要考虑的重要问题。对于老厂改造，综合考虑车间环境与施工成本，通常选择了无线WiFi作为数据传输的介质，对接收到的断纱数据进行存储和分析。如图5-17所示。

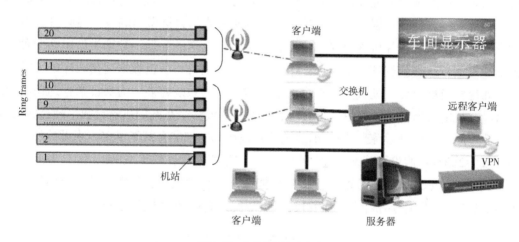

图5-17 细纱数据网络架构

三、单锭位断纱数据的传输与管理

系统通信过程分为两层，通过RS-485完成单片机与ARM机之间的数据交换，再开发监控软件由无线WiFi实现ARM机与工控机之间的数据传输，从而实现对断纱数据的实时监控。同时，系统设计管理软件，为断纱数据的分析提供平台。

（一）RS-485 通信过程分析

本系统中，Ring Route断纱检测装置中的单片机需要向ARM机进行数据传输，最终使得单片机和ARM机功能互补，实践中通常使用串口通信完成这种通信功能。RS-232为过去常用的通信协议，但因其通信距离较短，同时节点数为1收、1发，无法满足本系统需求。RS-422是由RS-232发展而来的，为弥补RS-232的一些不足之处而提出的，它最大传输电缆长度约为120m，抗噪声干扰的能力强，采用一机发送多机接收的单向传输方式，但其线路复杂，不利于车间施工。系统最终选用RS-485完成单片机与ARM机之间的通信，RS-485满足本系统一个发送器驱动40个负载的需求，抗噪声干扰性能好，可以远距离传输，并且具有较高的通信速度。

系统使用RS-485通信协议，那么单片机要采用RS-485接口，然而一般情况下，作为上位机的ARM机标准配置中只有RS-232通信接口或USB总线，因此系统在ARM机侧通过使用RS-485与RS-232的电平转换接口，将TTL电平转换成与上位机一致。ARM机和单片机之间的通信选择主从式结构，即只有一台ARM主机作为上位机，ARM主机控制多个单片机从机，为每一块单片机分配一个地址码，并且单片机作为从机不会主动发送命令或者数据，其通信过程全由主机ARM机所控制。为了确保正常的通信，需要将从机单片机的串行口与ARM主机串行口设置一致，这包括了通信速度和数据格式两个部分。系统中数据量大，又综合考虑传输速度与稳定性，最终选择通信速度为9600bps。

RS-485通信是半双工通信，那么在任意时间系统最多只能有1台机器处于发送状态，即发送和接收用一个物理信道。系统中，通信起始信号由ARM机发出，ARM机首先呼叫指定的地址，当单片机收到起始信号后，根据本机的地址做出应答，当ARM机发出的地址与本机相同时，回发本机地址并改变为数据等待状态，否则保持原来的状态。ARM机收到应答后，再请求纱线状态数据，相应的单片机根据所采集的数据做出响应。因此只有当ARM机发送的地址信息与单片机相符时，才接收该单片机发送的数据，数据类型包括两种，分别为细纱机运行状态数据和断纱数据。半双工通信对主机与从机数据通信时序的要求十分严格，如果没有配合好，就会发生冲突，造成整个通信系统瘫痪。为保证数据通信与处理过程简单，规定数据传输过程中采用固定的长度。假设一个车间的机器台数不超过999台，一般细纱车间有5万～15万锭，因此细纱机的台数在100～300台甚至更多，现设计的车间对应的台数为280台；假设锭位号不超过9999锭，实际机器的锭数为480锭，此处考虑到实际情况有1080锭的细纱机。细纱断头、接头数据根据纺纱过程的实际情况设定为43位，其格式为纱线状态+机器编号+锭位号+前罗拉位置+时间，具体表示方法见表5-2。

表5-2　细纱断头、接头数据表示方法

数据类型	纱线状态	机器编号	锭位号	前罗拉位置	时间
细纱断头	1位字母B	3位数字	4位数字	20位数字	15位依次为：年月日时分
细纱接头	1位字母J	3位数字	4位数字	20位数字	15位依次为年月日时分

（二）监控软件的设计与实现

为了统一管理细纱机的断纱情况，每台ARM机装配一个以太网模块，接入以太网，作为一个以太网的结点将采集到的断纱数据发送至工控机，并为每一台细纱机分配一个IP地址，该地址也作为细纱机软件的内部编号，地址编号的范围可从192.168.0.2到192.168.255.250。为了管理方便，本系统也建立了每一台细纱机的IP地址与原有细纱机编号之间的对应关系。目前，系统在车间小范围应用，为了测试系统网络稳定性，选择车间四个角落的机台进行设备安装，共采用两个网段，通过路由器的桥接，将数据传输至工控机。本系统工控机为服务器，ARM机作为客户端，服务器的访问采用Client/Server模式，利用无线WiFi作为数据传输的介质。每个WiFi分配11个信道，每10台细纱机分配一个中继器延长网络传输距离。

监控软件的通信流程图如图5-18所示，系统初始化完成后，工控机上采用socket控件进行IP地址和端口号的匹配，完成相应的连接，连接请求由工控机发起，ARM机侦听到后，通过以太网模块建立连接。工控机与ARM机连接并握手成功后，由工控机发送数据请求，逐条接收ARM机回复的断纱数据，并完成显示存储，从而实现监控功能。

为了加强监控系统的准确性和稳定性，软件设计过程中采用两项关键技术：多线程通信和差错控制。本系统的通信方式为一对多，即一台工控机下挂多台ARM机，这导致工控机与ARM机之间的通信效率降低，通信过程中等待的时间过长。因此，监控软件应该实现多线程通信。线程可以认为是ARM机与工控机之间的数据传输通道，对其编号加以区分，各个线程之间可以并行通信，互相之间没有影响。同时为每个线程都建立一个标示符，初始状态下，各个线程都未被占用，这些标示符均为"N"。ARM机在发送断纱数据时，从最低位线程查看标示符，若查看到某线程标示符为"N"时，表明此线程空闲，那么占用此线程传输数据，并将其标示符更改为"Y"。ARM机在占用线程后，与工控机握手，握手成功并收到工控机的数据请求后再进行数据传输。若工控机没有结束此线程的通信，线程的标示符始终为"Y"，直至接收到通信结束信号，标示符变为"N"。在软件设计中应用多线程通信，可以大大提高通信效率，使多个线程同时使用，需要说明这里的同时并不是真正意义上的同时，只是线程切换很快，给软件使用者的感受是同时的。

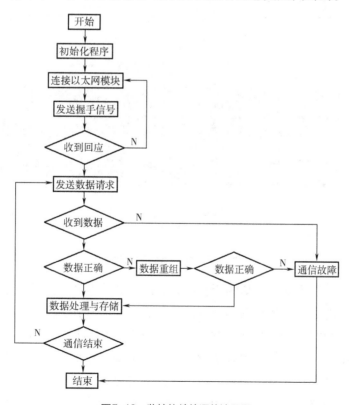

图5-18　监控软件的通信流程图

差错控制由通信控制和数据校验两个部分组成，主要用于防止通信中断和保证通信的准确性。ARM机与工控机进行通信时，工控机向ARM机发送握手信号或者数据请求，若在设定时间内一直未收到ARM机的回应，那么认为此ARM机存在通信故障，结束此次通信，释放此线程，转接下一线程。通过通信控制，不会因为某台ARM机通信中断而使整个通信过程受到影响。此外，通信的重要意义不仅是能够完成数据交换，更需要准确地传递信息。考虑到通信过程中可能存在的数据丢包的问题，为保证数据的准确性，软件设计中加入对接收到的数据长度进行校验，若校验长度有误，等待接收下一段数据，对其进行重组，重组无效数据同样标识为通信故障，转接下一线程。

（三）单锭位断纱数据的管理

在纺纱车间，传统的生产数据统计都是通过人工方式完成，人工获取的数据一致性和连续性较差，不能避免人为错误。同时数据带有滞后性，消耗大量的人力物力，这些问题的存在都为车间信息化管理带来很多的困难。因此系统设计管理软件辅助生产，软件运行界面如图5-19所示，具体分为三个部分：数据库存储、数据查询和日志功能。

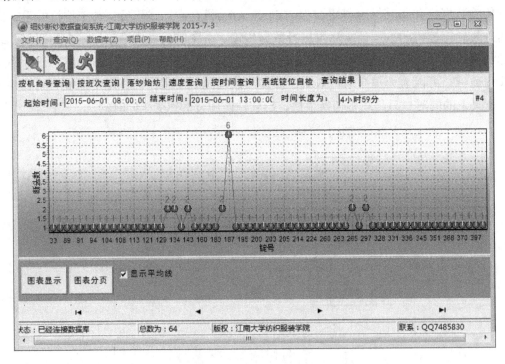

图5-19　按机台查询界面图

数据库中存储的是系统所采集的所有信息。由于纺纱生产中涉及的生产数据采集量比较大，根据系统的需求和采集数据的特点，数据库中的信息分为两大类。第一类是生产数据，包括断、接头数据和细纱机运行状态数据。这两类数据存储于同一个SQL数据库中，但是用不同的数据表来存储。数据表实时接收车间现场传输来的各种监测数据，并且对这些数据进行维护与管理。同时，考虑机械设备维护需要的时效性，系统定义一个月作为数据有效期，每个月的第一天对上个月的断纱数据表和细纱机运行状态数据表中的历史数据做整理，仅保存各机台按班次统计的千锭时断头数，存储于历史数据表中，为后期生产工艺调整时参考使用。通过这种方式，数据库断纱数据表和细纱机运行状态数据表中仅有当月的数据，数据量的减少可以提高后期数据库的查询效率。数据库中存储的第二类信息就是根据车间实际情况，保存的管理信息，包括班次的设定和人员安排等。

四、无线通信管理在染整中的应用

（一）市场需求

目前绝大多数印染纺织工业流水线中的拉幅定型机的双链同步控制多采用一个电动机控制机械长轴传动方式运行，但经过长时间的运行之后，避免不了因机械磨损而造成主链之间产生纬斜，且无法修正的弊端。因此，新型的拉幅定型机采用双电动机分别驱动双链。多元同步流水线自动化控制早已将传统的人工控制淘汰，以工业以太网为传输媒介的控制又需要全厂架线，十分麻烦。Helicomm采用ZigBee技术开发出纺织印染流水线无线控制系统，中心端通过ZigBee无线mesh网络对PLC传输指令实现对印染流水线的多单元同步控制。系统架设简单，全程无线。

（二）解决方案

此系统采用Helicomm自主研发的IP-Link2220无线数据传输终端在生产车间架设的ZigBee无线mesh网络为传输媒介，系统终端采用IP-Link2220、PLC、纺织印染流水线进行连接，系统中心端采用IP-Link2220与PC通过串口连接。中心端PC通过ZigBee无线mesh网络对远端PLC进行控制，进而控制整个拉幅定型机多单元同步运行，以及循环风机和排风机变频传动、调幅传动等。

系统维护方便，支持远程无线固件更新和配置。IP-Link2220无线数传终端带有工业标准RS232/485接口；16个通信信道灵活选择；CSMA/CA防碰撞机制，避免多点高速数据传输导致数据包丢失现象的发生，使系统更加稳定准确。Helicomm具有以下优点。

（1）先进的无线Mesh网络，网络路由至少可达20跳，无通信费用。

（2）采用ZigBee技术，低成本、低功耗。

（3）产品通过FCC、CE等国际安全认证。

（4）具有多年的研发与行业经验，自主核心技术，以及在标准ZigBee基础上的定制化能力。

第三节　WiFi 功能实现

一、硬件平台搭建

（一）硬件选择

可以选择以下的任一种。

（1）WiFi开发板+USB数据线。

（2）WiFi+USB转TTL串口模块，如PL2303、CH340。

（二）硬件连接

（1）如果WiFi是开发板的，已经按照图5-20所示接线连接完成。为使用方便，系统预装AT固件后，采用WiFi编程的方式实现单片机与WiFi连接、网络通信，即MCU与WiFi间使用AT指令来交互信息。

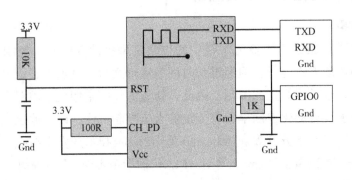

图5-20　WiFi模块接线图

（2）具体接线方法如图5-21所示，如果WiFi是WiFi模块+USB转TTL串口模块的，按接线顺序为PC与USB转TTL串口连接，TTL连接WiFi。运行模式接线对应关系：Vcc—3.3V，Gnd—Gnd，CH_PD—3.3，Rx—Tx，Tx—Rx，其余引脚为空。烧写模式接线对应关系：烧写模式时需要将GPIO0接地，工作模式时GPIO0悬空。一般WiFi不需要独立供电，但有时WiFi需要独立供电，不直接在TTL取电。

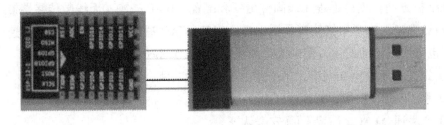

图5-21　接线实物图

二、平台功能模型

使WiFi模块可以适用于不同环境下工作：

（1）WiFi转串口模式实现串口与网络之间的透明传输，实现通用串口设备与网络设备之间的数据传递。

（2）WiFi转GPIO模式下，用户可以发送协议的指令读取或控制模块的引脚，如GPIO。

（3）WiFi转ETH模式下，用户可以按照协议从ETH服务器请求数据或是向服务器提交数据。

（4）WiFi转SPI模式进行数据的高速交换。

具体举例如下：

实现串口即插即用，从而最大程度地降低用户使用的复杂度。在此模式下，所有需要收发的数据都被在串口与WiFi接口之间做透明传输，不做任何解析。在透明传输模式下，可以完全兼容用户原有的软件平台。用户设备基本不用做软件改动就可以实现支持无线数据传输。

①串口转WiFi Client。如图5-22所示，该模式下，WiFi使能，工作在Client 模式下。通过适当的设置，COM的数据与WiFi的网路数据相互转换。WiFi Client可以配置为动态IP地址（DHCP），也可以配置为静态 IP地址（STATIC）。WiFi安全方面，支持目前常用的加密方式。

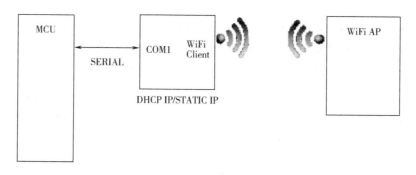

图5-22　串口转WiFi Client

②串口转WiFi AP。如图5-23所示，该模式下，WiFi使能，工作在 AP模式下。通过适当的设置，COM的数据与WiFi 的网路数据相互转换。WiFi安全方面，支持目前常用的加密方式。此模式下，WiFi设备能连接到模块，成为WiFi局域网下的设备。

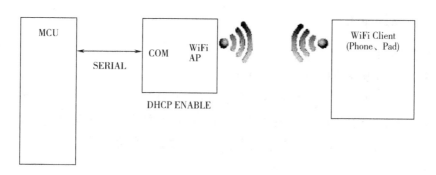

图5-23　串口转WiFi AP

③以太网转串口。如图5-24所示，该模式下，WiFi使能，工作在AP模式下，ETH功能使能，COM的数据与网路数据相互转换。WiFi安全方面，支持目前常用的加密方式。此模式下，WiFi设备能连接到模块，成为WiFi局域网下的设备。WAN端默认动态 IP地址方式。

LAN、WiFi为同一局域网，默认开启DHCP服务器。

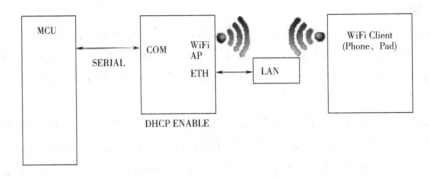

图5-24　以太网转串口

　　④串口转以太网模型。如图5-25所示，该模式下，ETH使能，WiFi功能关闭。通过适当的设置，COM的数据与ETH的网路数据相互转换。以太网可以配置为动态IP地址（DHCP），也可以配置为静态IP地址（STATIC）。

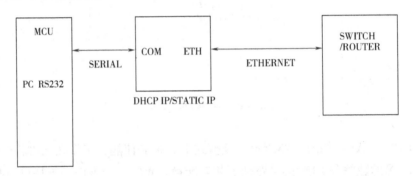

图5-25　串口转以太网模型

三、串口与模块通信

（一）通信接口

1. 传输线路与数据线路设备（DCE）

　　传输线路一般由信号变换器和传输介质两部分组成。其中信号变换器是对数传机、调制解调器、基带传输器以及波形变换器等所用设备的总称。由于信号变换器是传输线路两端的端末设备，所以通常又称它为线路终端，在数据通信系统中称为DCE（Data Circuit Equipment）。

2. 数据链路与数据终端设备（DTE）

　　数据链路又称逻辑链路，主要是指数据的传输通路以及相关设备。数据链路两端的端末设备，统称为DTE（Data Terminal Equipment）。

　　DCE与DTE及其信号线与控制线之间的关系如图5-26所示。数据链路是在物理传输线路基础上开辟和连接的一种逻辑通路。在一条传输线路上可以通过复用与接入控制相结合的方法同时开辟和连接多条逻辑通路。由于它不仅是两点间机械的和电气的连接，而且更重要的是要通过执行链路层协议后才能建立起来的逻辑连接。随着协议终结，即使机械上和电气上仍然保持连接，其连接关系也会自动消失。

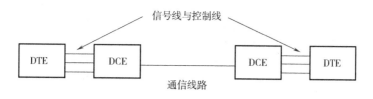

图5-26　DTE与DCE之间的关系

在发送时，DTE与DCE由许多种信号线和控制线连接起来，DTE将数据传给DCE，DCE再把数据按比特顺序逐个发往传输线路；反之，在接收时，DCE从传输线路接收到串行的比特流，然后再交给DTE。为了减轻用户的负担，协调工作，需要对DTE和DCE之间的界面标准化设计，DTE与DCE之间的界面也就是接口。

为了使各个厂家的产品能够互换或互连，DTE与DCE的界面在插接方式、引线分配、电气特性及应答关系上均应符合统一的标准和规范，这一套标准规范就是DTE与DCE的接口标准，又称为接口协议。这个协议由制订接口标准的组织制订，常见的组织有国际标准化组织ISO（International Standards Organization），国际电信联盟ITU（International Telecommunication Union），电器和电子工程师协会IEEE（Institute of Electrical and Electronics Engineers），美国电子工业协会EIA（Electronic Industry Association）等。

3. 物理通信接口的种类

一般通信接口种类按其国际或工业标准分类，实际上就是按规程分类。目前常用接口标准有EIA-232/V.24、V.35、X.21、G.703等。其中EIA-232/V.24接口为低速接口，一般情况下其速度上限为20K；V.35、X.21、G.703等接口为高速接口。

（二）RS-232-C 接口标准

为了完整地描述接口，需要在四个方面进行特性的描述：机械特性、电气特性、功能特性、规程特性。

下面以RS-232-C接口标准为例说明接口特征的描述方式。

1. 机械特性

RS-232-C采用符合ISO2110标准的25芯连接器。标准还规定连接器的阳面即带插针的一头安装在DTE一侧，阴面即带针孔的一头安装在DCE的一侧。在与计算机连接的过程中，一般连接方法如图5-27所示。

2. 电气特性

RS-232-C的电气特性与ITU-T V.28所规定的特性相一致，它规定接口线电路采用公共地线、非平衡驱动/接收的电路连接方式。接口线的信号电平规定-15～-3V代表逻辑"0"和"断开"；3～15V代表逻辑"1"和"接通"。

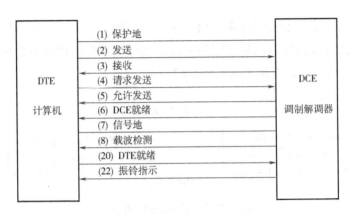

图5-27　RS-232-C接口中的主要连接线（圆括号内为引脚号）

传送数据和定时信号时，从-3～3V的过渡区跳变时间不得超过1ms或码元宽度的3%。信号驱动器的输出阻抗应小于300Ω，接收器的输入阻抗应在3～7kΩ之间。在上述参数范围内，可保证在15m距离以内提供最高20kbps的数据速度。

3. 功能特性

RS-232-C定义了21根接口线的功能，每根线具有一个功能。接口线功能分为五类：A类为接地线，B类为数据线，C类为控制线，D类为定时线，S类为次信道信号线或称为辅助信道信号线，每一根接口线用两个大写英文字母组合命名，第一个字母是该类的类别字母，第二个字母用于区分同类中的不同线名。

然而在大多数的应用中，不需使用全部21根接口线。在异步传输中，除了不用定时信号线外，多数控制线也可不用，五根辅助信号线则更少使用。

4. 规程特性

DTE/DCE接口操作过程分为呼叫建立、数据传输和拆除线路等三个阶段。

透明传输模式是复杂度最少的数据传输。用户也可以打开串口的硬件流控功能，即打开CTS/RTS，这样可以使误码率降到最低。如果用户不需要串口的硬件流控功能，只需要把相应pin脚悬空就可以，即CTS/RTS对应的引脚悬空。

（三）TCP/IP 协议

HTTPD Client模式中，用户用AT指令或者网页设置好HTTP报头的具体内容发送数据，在每次发送数据时，模块就会自动将所发送的数据封装成HTTP协议数据，发送到指定HTTP服务器上，从而可以方便用户直接从HTTP服务器读取或提交数据。

TCP/IP涉及一组类似于OSI协议层的分层协议。TCP/IP实际上是由许多协议组成的协议族，这些协议以低成本实现计算机系统的互联。

TCP/IP中的基本协议包括下列几个：传输控制协议TCP（Transmission Control Protocol），为网络上用户发起的软件应用进程建立通信会话；用户数据报协议UDP（User Datagram Protocol），是一个简单的面向无连接的，不可靠的数据报的传输层（transport layer）协议，IETF RFC 768是UDP的正式规范；互联网协议IP（Internet Protocol），定义了如何将子网互相连接，IP的基本功能提供了数据传送、包的编址、包的路由选择、数据分段和传输错误的检测，成功的数据传送和选择路由到正确的子网都是由于IP编址的约定才成为可能。作为对主要协议的补充，TCP/IP还提供了其他应用服务，如文件传送协议FFP（File Transfer Protocol）、TELNET协议。

四、软件开发方式

（一）AT 指令编程

单片机通常带有串口，使用AT固件编程，可以使得单片机能够通过串口实现WiFi连接、网络通信，例如MCU与WiFi间使用AT指令来交互信息，用AT指令可以实现上述目的。

（二）Windows 编程

目前常用的有三种开发方式。

（1）使用SDK开发包，直接用C编程，开发烧写用BIN文件。

（2）在SDK基础上加入了LUA语言编写程序。

（3）Arduino直接编程，原理还是在SDK基础上开发，封装为Arduino语言，利用Arduino软件平台来编译源码。

（三）Linux 编程

Linux平台上目前常用的专门针对无线网络设备编程的API有两套，最早的一套API由HP公司员工Jean Tourrilhes于1997年开发，全称为Linux Wireless Extensions，一般缩写为wex或wext。这套API使得用户空间的程序能通过ioctl函数来控制无线网卡驱动。

由于利用ioctl开展编程的方式不太符合Linux驱动开发的要求，所以后来Linux又提供了cfg80211和nl80211两套编程接口用于替代wext。其中，cfg80211用于驱动开发，而nl80211 API是供用户空间进程使用，以操作那些利用cfg80211 API开发的无线网卡驱动。

五、AT指令的通信实现

（一）配置 AT 指令环境

打开串口工具，显示界面如图5-28所示，对其中重要参数进行设置。串口号设备管理器查询COM，波特率设置为115200，最后打开串口，然后复位。复位方式，REST轻触GND一下。

如果系统正常，并且AT固件下载成功，会打印ready，如图5-29所示，发送AT测试指令，说明AT指令工作正常。发什么回什么的话是由于没有加"回车换行"，加入即可。sscom注意勾选上"发送新行"。数据发送成功的界面如图5-30所示。

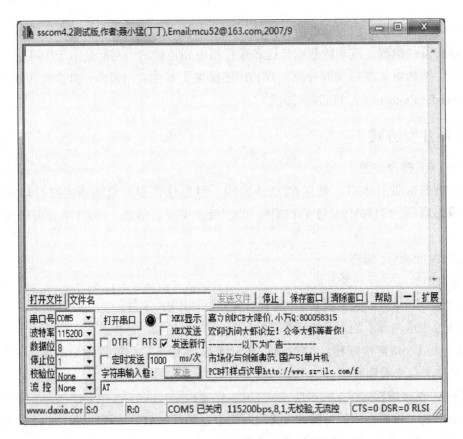

图5-28　串口工具的界面

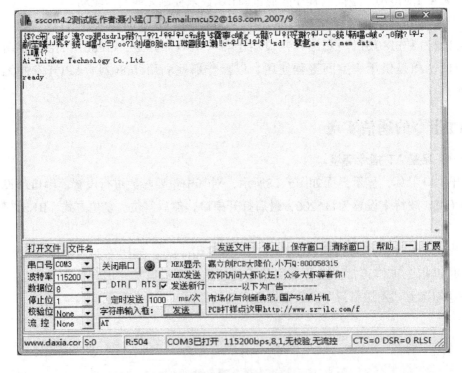

图5-29　串口工具连接成功的界面

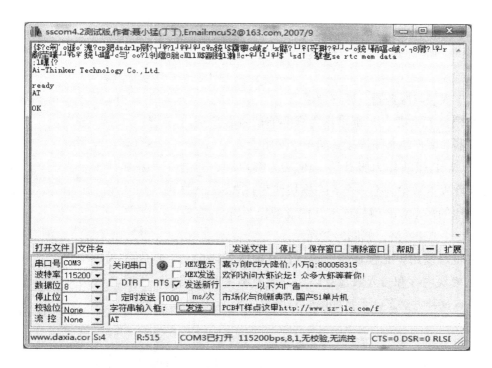

图5-30　串口工具数据发送成功的界面

（二）配置 WiFi 模块环境

经过以上步骤就已经成功配置好AT指令环境，下面就可以使用AT指令了。使用AT指令将WiFi模块与路由器连接。手机/PC直接连接到路由器时需要输入路由器的名称和密码，WiFi模块也是一样，具体步骤：

第一步，发送字符串1"AT+CWMODE=3"，收到字符串"OK"。

第二步，发送字符串2"AT+CWJAP="Test_1"，"1234567890""，收到字符串"WIFI CONNECTED"，"WIFI GOT IP"和"OK"，表明设置成功。

需要说明的是，模块是通过AT+CWJAP="SSID"，"PWD"命令的方式连接到路由器的，字符串1中的3表示AP兼station模式，字符串2中的"Test_1"和"1234567890"分别表示连接到路由器的名字和密码，其他AT命令可以参考命令手册。

字符串中的命令字符不区分大小写，但是带有双引号的字符部分需要区分大小写，例如字符串1"AT+CWMODE=3"和字符串1"at+CWMODE=3"含义一样；字符串中的空格也表示一个字符，不可以随便增减，例如字符串3"AT+CWJAP?"不可以写成"AT+␣ CWJAP?"，关于这一点，在固件中可能改进。

如果需要检查当前连接的信息的话，发送字符串"AT+CWMODE?"后收到"+CWMODE:3"和"OK"可以显示连接模式。如果需要检查当前连接的信息的话，发送字符串"AT+CWJAP?"后收到"+CWJAP:"Test_1"，"00:22:aa:a5:67:88"，7，-67"和"OK"可以显示状态。发送字符串"AT+CWSAP?"后收到字符串"+CWSAP:"AI_ Thinker_??????"，" "，7，0，4"和"OK"可以显示状态。如图5-31所示，模块WiFi名字默认为AI_Thinker_???????。这时候使用计算机或手机可以发现相应的路由器，连接该网络即可，不需要密码。

（三）模块与服务器、客户端通信

WiFi模块、手机、PC都可作为服务器或者客户端，但是服务器和客户端必须连接到同一个网络上。

（1）WiFi模块作为服务器，PC端为客户端，通过路由器相互发送数据。把一个WiFi模块作为TCP Server服务器，其他的多个WiFi模块或者其他设备作为Client客户端，建立一个TCP网络，如图5-32所示。

当然也可以用WiFi模块建立热点让其他设备连接，但是WiFi模块内存和接入数量有限，一般就不用WiFi模块建立热点这种方法了，示意如图5-33所示。

图5-31　模块WiFi默认名字

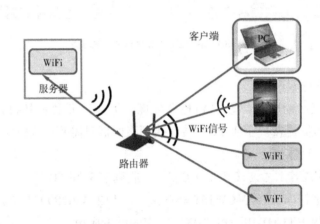

图5-32　客户端通过路由器与WiFi模块连接

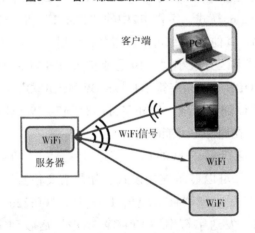

图5-33　客户端直接与WiFi模块连接

①服务器端设置。AT指令设置WiFi模块进入Server模式的过程如下。

第1步，发送启动多连接命令字符串3"AT+CIPMUX=1"，收到字符串"OK"。

第2步，发送配置为TCP服务器模式字符串4"AT+CIPSERVER=1"，收到字符串"OK"，表明设置成功。

第3步，假设PC端的IP地址为192.168.1.101，发送IP修改命令字符串5"AT+CIPSTA="192.168.1.105""，收到字符串"AT+CIPSTA="192.168.1.105""，可以将WiFi模块的IP地址与PC的IP地址修改为同一网段，否则无法通信。

发送字符串"AT+CIFSR" 查看IP命令后，就会收到字符串，收到的字符串范例："+CIFSR:APIP, "192.168.4.1""、"+CIFSR:APMAC, "62:01:94:00:98:e8""、"+CIFSR:STAIP, "192.168.1.105""，同时收到由路由器分配给该模块的地址"+CIFSR:STAMAC, "60:01:94:00:98:e8""以及字符串"OK"，这里收到的字符串会由于模块的编号不同而有所不同。

TCP调试助手连接模块的过程为：配置好以后就可以用TCP调试助手给WiFi模块发送数据，在串口调试助手收到数据。打开TCP调试助手，选择TCP Client模式，远程主机的IP地址选择上述返回字符串中的IP地址"192.168.1.105"，远程端口选择"333"，点下"连接网络"后，改按钮标题变为"断开网络"，此时串口收到字符串"0，CONNECT"；点下"断开网络"后，改按钮标题变为"连接网络"，此时串口收到字符串"0，CLOSED"；另外，等待一段时间后，网络助手可能会自动断开。

②客户端设置。TCP调试助手与模块收发数据过程如下。

如图5-34所示，在TCP调试助手给WiFi模块发送字符串"A"，在串口调试助手收到字符串"+IPD，0，1:A"；在TCP调试助手给WiFi模块发送字符串"ABCD"，在串口调试助手收到字符串"+IPD，0，4:ABCD"，表示从IP代理地址为0的端口收到4个字符的字符串为"ABCD"。

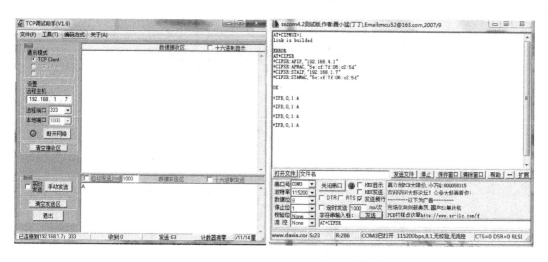

图5-34　TCP调试助手的客户端设置

串口调试助手与模块收发数据，当多路连接时，（+CIPMUX=1），串口调试助手给WiFi模块发送字符串6"AT+CIPSEND=0，4"后，换行后返回">"，再发送所需要发送的字符串"ABCD"，在TCP调试助手收到字符串"ABCD"。

当单路连接时，（+CIPMUX=0），串口调试助手给WiFi模块发送字符串"AT+CIPSEND=4"后，换行后返回">"，再发送所需要发送的字符串"ABCD"，在TCP调试助手收到字符串"ABCD"。其中数字4表示发送的字符个数。

（2）PC作为服务器，WiFi模块作为客户端。

①服务器端设置。PC端设置为TCP Server模式，选择本机IP地址为"192.168.1.101"，端口号为"1000"，注意不要为"333"，然后以管理员身份运行TCP调试助手，然后点击开始监听，设置如图5-35所示。

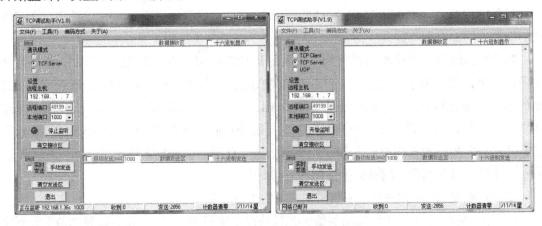

图5-35　PC作为服务器的客户端设置

②客户端设置。

第1步，首先打开串口助手，连接好无线模块，如图5-36所示，收到字符串"ready"说明连接成功。

图5-36　PC作为服务器的串口助手

第2步，发送字符串"AT+CWMODE=1"设为station模式。

第3步，发送字符串"AT+CWLAP"；显示无线列表+CWLAP:（4，"2F201"，-70，"3c:46:d8:6c:cf:15"，11，-11）。

第4步，发送字符串"AT+CWJAP="2F01"，"01234567""加入无线网络。

第5步，发送字符串"AT+CIPMUX=0"开启单连接模式。

第6步，如图5-37所示，发送字符串"AT+CIPSTART=2，"TCP"，"192.168.1.101"，1000"连接服务器，其中2在单连接模式条件下不需要，IP为TCP调试助手左下角的地址及其通信端口。建立好连接后就可以和网络助手通信了。

串口助手发送字符串"AT+CIPSEND=2，6"，发数据前先发此指令，最后的6代表发的字节数，然后发送字符串，其中2在单连接模式条件下不需要。

图5-37　串口助手和TCP调试助手联通状态

（3）手机作为服务器，WiFi模块作为客户端。与PC作为服务器原理相同，如图5-38和图5-39所示，手机端首先项目中设定Server模式和端口为"1234"，等待模块连接。

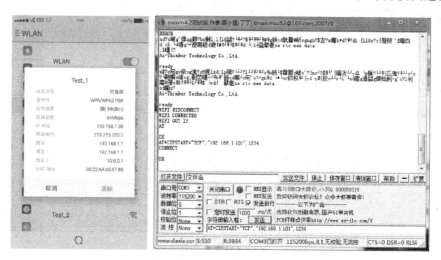

图5-38　手机作为服务器的设定

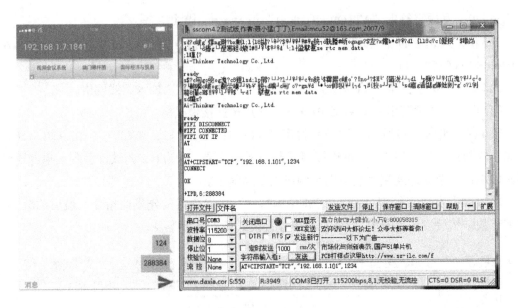

图5-39　手机作为服务器的状态设定

客户端，手机端安装TCP连接.apk，然后保证模块与手机连接同一局域网，并停止与其他服务器的连接。注意只能连接一个服务器，查看局域网IP，使用"AT+CIPSTART=2,"TCP"，"192.168.1.100"，1234"连接，这时候，手机就会显示连接到模块，并且显示IP地址，这样就完成了手机作为服务器，与模块数据传输。

（4）UDP模式。串口助手设置。

第1步，首先打开串口助手，连接好无线模块，收到字符串"ready"说明连接成功。

第2步，如图5-40所示，发送字符串"AT+CWMODE=1"设为station模式，又称为透传模式。

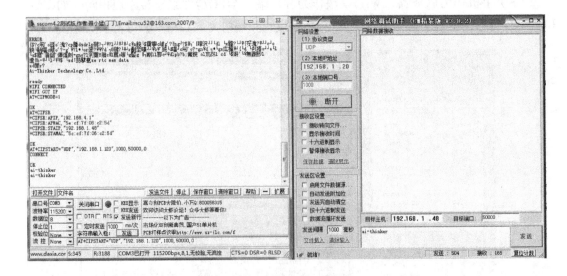

图5-40　UDP模式下的调试窗口

第3步，发送字符串"AT+CIPSTART="UDP"，"192.168.1.105"，1000，50000，0"设为UDP模式，IP为计算机IP地址，1000为远程端口，50000为本地端口，收到字符串"CONNECT"、"OK"。

第4步，发送字符串"AT+CIPSEND"模块给计算机发送数据，收到"OK"、">"，计算机与模块之间可以互相发送数据，本地端口为计算机端口，目标主机为模块IP，目标端口为模块端口。

（5）透传模式测试。前面的服务器向模块传输字符串时，前面会加上"+IPD"，导致两侧字符串不一致，难以理解，解决方案是采用透传方法。透传是指服务器向WiFi模块传输字符串时，前面不带有"+IPD"，上电之后，模块与服务器需要在同一局域网下，执行AT指令过程如下。

①模块端设置。

第1步，首先打开串口助手，连接好无线模块，收到字符串"ready"说明连接成功。

第2步，发送字符串"AT+CWMODE=3"设为AP和station共存模式，收到"OK"。

第3步，发送字符串"AT+CWJAP="Test_1"，"1234567890.""加入路由器，收到"WIFI CONNECTED"、"WIFI GOT IP"、"OK"。

第4步，发送字符串"AT+CIPMUX=0"设置单链接，收到"OK"。

第5步，发送字符串"AT+CIPMODE=1"设置透传模式，收到"OK"。

第6步，发送字符串"AT+CIFSR"查看模块连接信息，收到"+CIFSR:APIP，"192.168.4.1"，+CIFSR:APMAC，"5e:cf:7f:06:c2:5d"，+CIFSR:STAIP，"192.168.1.48 ""。

②TCP调试助手模块端设置。如图5-41所示，连接的远程主机地址，+CIFSR:STAMAC，"5c:cf:7f:06:c2:5d"，OK；AT+CIPSTART="TCP"，"192.168.1.20"，1000//IP地址和端口为TCP调试助手左下角的CONNECT、OK。

图5-41　透传模式下的调试窗口

默认是保存透传，如果想取消开机透传，可以使用"AT+SAVETRANSLINK=0"，可以在使用"+++"关闭透传后直接使用该指令；"+++"关闭透传模式，这里需要把串口助手的"发送新行"取消，也就是取消回车换行。

以上就是透传模式，TCP调试助手给模块发送的信息不带有"+IPD"。

（四）串口转 GPIO

高性能WiFi模块支持GPIO。PC或其他网络设备可以通过WiFi与模块建立连接（TCP/UDP），然后通过命令控制GPIO或读GPIO状态。GPIO的引脚如图5-42所示，包括GPIO 0、2、4、5、12、13、14、15和16等。

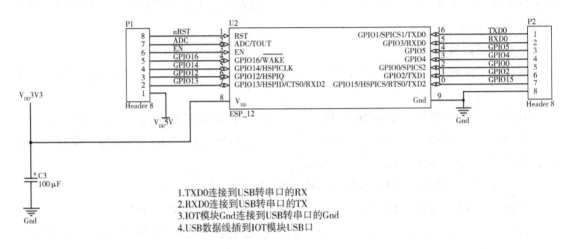

1.TXD0连接到USB转串口的RX
2.RXD0连接到USB转串口的TX
3.IOT模块Gnd连接到USB转串口的Gnd
4.USB数据线插到IOT模块USB口

图5-42　GPIO的引脚

（1）读取GPIO端口状态。发送字符串"AT+CIOREAD=0"读取GPIO 0的状态，收到"AT+CIOREAD=0、1：HIGH、OK"，表示GPIO 0端口处于高电平状态，这个引脚的输出根据电路设计可能是相反的，也就是读到1实际为输出指示灯灭，读到0实际为输出指示灯亮。

（2）写入GPIO端口状态。发送字符串"AT+CIOWRITE=2，0"设置读取GPIO2为0，即输出指示灯亮起；发送字符串"AT+CIOWRITE=2，1"设置读取GPIO2为1，即输出指示灯灭。GPIO15对应于红色LED，GPIO12对应于绿色LED，GPIO13对应于蓝色LED。发送字符串"AT+CIOWRITE=12，1"设置读取GPIO12为1，即输出LED绿色灯亮起。发送字符串"AT+CIOWRITE=12，0"设置读取GPIO12为0，即输出LED绿色灭。

（五）模块转 ADC

高性能WiFi模块支持ADC。PC或其他网络设备可以通过WiFi与模块建立连接（TCP/UDP），然后通过命令读ADC状态。ADC输入电压范围为0～1V。转换结果0～1024，10bit精度。读ADC状态。发送字符串"AT+CIOADC"，收到"AT+CIOADC"、300，表示当前值为300，约0.293V。

六、使用SDK开发包编程

（一）开发过程

（1）打开Eclipse IDE，注意IDE及其相关文件的路径中不能有中文字符。

（2）如图5-43所示，添加sdkex到工程，注意sdkex及其相关文件的路径中不能有中文字符。

File–Import–Existing Code as Makefile Project–Next–Cygwin GCC–Browse找到sdkex–Finish。

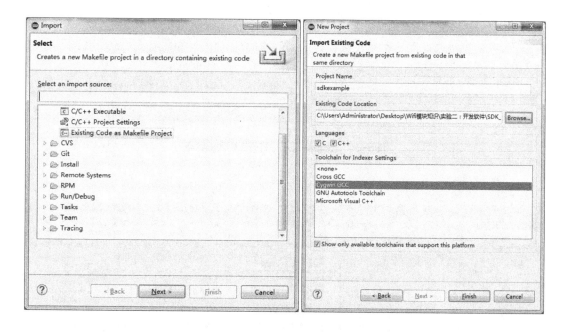

图5-43　Eclipse IDE中打开工程的方法

打开了工程后的窗口如图5-44所示。

如图5-45所示，右击项目选择Build Project。

（二）编程下载过程

下载程序的过程如图5-46所示，打开DownloadTools并进行以下设置。

（1）把bin文件放入对应栏并注意对应地址，前面记得打"√"。

（2）"SPI MODE"处为QIO（默认就是）。

（3）"FLASH SIZE"处改为"32Mbit（仅针对32Mbit的）"，其他普通模块为8Mbit，烧写地址为0x00000，本实验中选择8Mbit。

（4）"COM"口选择对应口，可在计算机"设备管理器"处查看。

（5）"BAUDRATE"选择"57600"。

（6）GPIO 0低电平时，进入烧写模式，即将GPIO 0接地，全功能测试版是上面的拨码开关拨成011110，下面是001010。

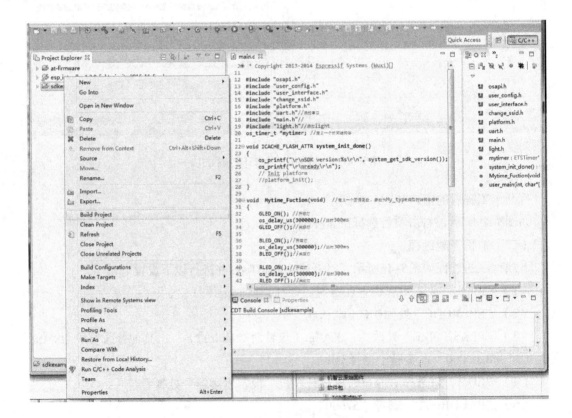

图5-44　Eclipse IDE中打开工程后的状态

图5-45　Eclipse IDE中编译工程

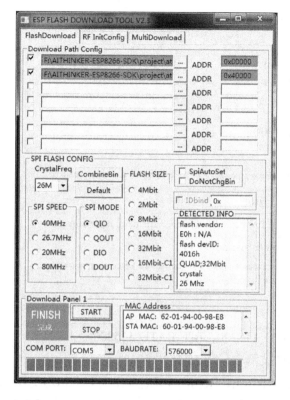

图5-46　下载程序的过程

点击"START"，然后重新上电即可。

如果进度条不走，可反复上电或者点击"STOP"后重新执行第（6）步。若提示"FAIL"，可尝试关闭软件，重插USB转TTL重试，注意随时观察"设备管理器"处的"COM"口。尽量使用独立稳定纯净电源，这对模块成功烧写很关键，并注意所有的GND共地。烧写完成后GPIO 0拉高，上电测试，默认波特率是115200。

（三）控制三色灯

对user_main.c文件进行如下修改可以控制RGB灯循环闪烁。

```
/********************************************
* FileName: user_main.c
* Description: entry file of user application
* Modification history:
*      2014/1/1，  v1.0 create this file.
*      2017/1/1，  v1.0 RGB.
**********************************************/
#include "ets_sys.h"
#include "osapi.h"
#include "user_interface.h"
```

```
#include "driver/uart.h"
#include "gpio.h"
void delay_ms(uint16 x)
{
    for(;x>0;x--)
        os_delay_us(1000);
}
/***********************************************
 * FunctionName: user_init
 * Description: entry of user application， init user function here
 * Parameters: none; Returns: none
 ***********************************************/
void user_init(void)
{
    uart_init(BIT_RATE_115200， BIT_RATE_115200);
    //配置两个串口的波特率，均为115200bps；
    PIN_FUNC_SELECT(PERIPHS_IO_MUX_MTDO_U， FUNC_GPIO15);
    //GPIO12使用MTDO引脚，并配置为输出，参考eagle_soc.h文件；
    //如果配置为输入，则使用GPIO_DIS_OUTPUT(FUNC_GPIO15);
    PIN_FUNC_SELECT(PERIPHS_IO_MUX_MTDI_U， FUNC_GPIO12);
    //GPIO12使用MTDI引脚；
    PIN_FUNC_SELECT(PERIPHS_IO_MUX_MTCK_U， FUNC_GPIO13);
    //GPIO13使用MTCK引脚；
    PIN_FUNC_SELECT(PERIPHS_IO_MUX_GPIO2_U， FUNC_GPIO2);
    //GPIO2使用MTDI引脚。
    while(1) //RGB
    {
        //开关红灯，并延时500ms；
        GPIO_OUTPUT_SET(GPIO_ID_PIN(15)， 1);delay_ms(500);
        GPIO_OUTPUT_SET(GPIO_ID_PIN(15)， 0);delay_ms(500);
        //开关绿灯，并延时500ms；
        GPIO_OUTPUT_SET(GPIO_ID_PIN(12)， 1);delay_ms(500);
        GPIO_OUTPUT_SET(GPIO_ID_PIN(12)， 0);delay_ms(500);
        //开关蓝灯，并延时500ms；
        GPIO_OUTPUT_SET(GPIO_ID_PIN(13)， 1);delay_ms(500);
        GPIO_OUTPUT_SET(GPIO_ID_PIN(13)， 0);delay_ms(500);
```

```
//获得指示灯电平，并开关指示灯；
uint16 status=GPIO_INPUT_GET(GPIO_ID_PIN(2));
if(status)
GPIO_OUTPUT_SET(GPIO_ID_PIN(2)，0);
else
GPIO_OUTPUT_SET(GPIO_ID_PIN(2)，1);
}
```

深入了解一款模块的GPIO结构对于提高程序质量是至关重要的。

（1）PIN相关宏定义。以下宏定义控制GPIO管脚状态，PIN_PULLUP_DIS（PIN_NAME）管脚上拉屏蔽；PIN_PULLUP_EN（PIN_NAME）管脚上拉使能；PIN_FUNC_SELECT（PIN_NAME，FUNC）管脚功能选择。

（2）GPIO输入输出相关宏。GPIO_OUTPUT_SET（gpio_no，bit_value）设置gpio_no管脚输出bit_value；GPIO_DIS_OUTPUT（gpio_no）设置gpio_no管脚输入；GPIO_INPUT_GET（gpio_no）获取gpio_no管脚的电平状态。

（四）取得 ADC

因为SDK本身就自带有ADC函数，直接调用system_adc_read()就可以得到当前ADC的值。具体过程如下：

```
char Temp232［25］；
//定义一个字符串数组用于存放当前ADC的值
os_sprintf(Temp232，"WiFi Temper:%6d\\r\\n"，system_adc_read());
```

//由于函数system_adc_read()返回值为整数，其范围为0～1024，因此需要转换为一个字符串长度在4个字符以上的字符串，这里使用了6个字符。

（五）向 RS232 发送数据

```
uart_init(BIT_RATE_115200，BIT_RATE_115200);
//配置两个串口的波特率，均为115200bps；
UART_SetPrintPort(UART0);
//使能UART0
system_init_done();//调用函数
uart0_sendStr(Temp232);
//使用字符串发送指令向串口发送当前ADC的值。
```

（六）向 TCP 发送数据

```
os_timer_t Time_Init;
//定义一个定时器结构体
void Time_Pul()
//定义一个回调函数
{
```

```
        char Temp［25］;
        os_sprintf(Temp, "WiFi Temper:%6d", system_adc_read());
        conn_sent(pLink.pCon, Temp, strlen(Temp));
        //使用字符串发送指令向TCP发送当前ADC的值。
    }
    uart_init(BIT_RATE_115200, BIT_RATE_115200);
    //配置两个串口的波特率, 均为115200bps;
    WiFi_APInit();
    WiFi_ServerMode();
    os_timer_disarm(&Time_Init);
    //关闭定时器
    os_timer_setfn(&Time_Init, (os_timer_func_t *)Time_Pul, NULL);
    //定义定时器回调函数
    os_timer_arm(&Time_Init, 1000*10, 1);
    //初始化定时器 Time_Init: 定义定时器时间10s, 重复使用
    Task_Init();
```

主要参考文献

［1］白亮亮，平雪良，仇恒坦，等．分布式室内移动机器人的定位与导航［J］．轻工机械，2016，34（4）：54–57．

［2］陈小默，林家瑞．穿戴式生物传感系统的研究新进展［J］．国外医学（生物医学工程分册），2005（3）：38–142．

［3］陈环．面向智能服装的健康监护系统的研究与开发［D］．上海：东华大学，2008．

［4］陈柏亭．磁感应细纱断头检测装置与微机系统［J］．棉纺织技术，1984，12（7）：29–34．

［5］陈纪旸，秦岭，管彦诏．西门子RFID在筒纱输送系统中的应用［J］．物联网技术，2016，6（4）：64–65．

［6］宫继兵，王睿，崔莉．体域网BSN的研究进展及面临的挑战［J］．计算机研究与发展，2010（5）：737–753．

［7］吕汉明，吕鑫．基于声音检测与分析的环锭纺细纱断头检测［J］．纺织学报，2015，36（7）：142–146．

［8］李妙福．自动络筒机的发展趋势及对策［C］．"青岛宏大杯"2006年全国用好自动络筒机扩大无结纱生产技术交流研讨会论文集，2006．

［9］郦光府．基于RFID的AGV视觉导引系统研究［D］．杭州：浙江大学信息科学与工程学院，2008．

［10］刘晓燕，方玉林．纺纱智能化关键技术及应用效果［J］．棉纺织技术，2016，44（8）：79–81．

［11］任文建．基于西门子PLC的自动落筒小车的设计与实现［D］．济南：山东大学，2015．

［12］孙瑜，范平志．射频识别技术及其在室内定位中的应用［J］．计算机应用，2005，25（5）：1205–1208．

［13］王春娥，肖琴．自动化智能化新技术在纺织企业的应用［J］．棉纺织技术，2016，44（7）：81–84．

［14］王长通，凌德麟．我国纺织工业自动化与信息化［C］．中国科协年会，2008．

［15］王飞．自动落纱系统的软件控制［D］．上海：东华大学，2013．

［16］王昌宏．朗维LR60/AX细纱机与萨维奥POLAR/I-DLS络筒机细络联改造实践［J］．上海纺织科技，2014（6）：14–17．

［17］吴文军，张岩，吴为民，等．一种运输自动导引车导航方法研究［J］．物联网技术，2016，6（9）：58–62．

［18］吴文军，张岩，吴为民，等．一种运输自动导引车路径规划研究［J］．机器人技术

与应用，2016（3）：31-37.

［19］杨文华. AGV技术发展综述［J］. 物流技术与应用，2015，20（11）：93-95.

［20］杨金凤. 环锭细纱机的断头检测装置［J］. 上海纺织科技，1982，10（9）：51-55.

［21］席瑞，李玉军，侯孟书，等. 室内定位方法综述［J］. 计算机科学，2016，43（4）：1-6.

［22］余成波，陶红艳. 传感器与现代检测技术［M］. 2版. 北京：清华大学出版社，2014.

［23］郁崇文. 新型纺纱技术的发展［J］. 棉纺织技术，2003，31（1）：9-12.

［24］姚水莲，刘成艳，细络联自动络筒机技术［J］. 纺织机械，2011（4）：18-20.

［25］张政波，俞梦孙，赵显亮，等. 穿戴式、多参数协同监测系统设计［J］. 航天医学与医学工程，2008，21（1）：4.

［26］邹俊伟. 全电驱动自动落纱装置的研究与设计［D］. 南昌：南昌航空大学，2012.

［27］KAVEH PAHLAVAN，PRASHANT KRISHNAMURTHY. 无线网络通信原理与应用［M］. 北京：清华大学出版社，2002.

［28］毛曙源. 室内移动机器人自定位方法研究［D］. 杭州：浙江大学，2016.

［29］王建民，高铁红. 机电控制工程［M］. 北京：中国计量出版社，2002.

［30］罗庚兴. 基于编码识别和变频控制技术的自动定位系统的研究［J］. 制造技术与机床，2012，（11）：97-100.

［31］李小笠，刘桂芝，尤正建，等. 基于RFID的自动化生产线配套仓库管理［J］. 机床与液压，2013，41（13）：120-123.

［32］李君. 基于MFRC632的射频卡读写器设计［D］. 天津：天津大学，2007.

［33］崔金琦，陶先平. 基于RFID的校园导航系统的设计与实现［J］. 计算机科学，2015，42（12）：92-94.

［34］葛瑞雪. 非接触式IC卡读写器的设计与实现［J］. 数字技术与应用，2016（5）：171.

［35］牛斗，常国权，李丹，等. 基于MF-RC500和Mifare射频卡识别模块的设计［J］. 微计算机信息，2007，23（5）：216-218.

［36］曾维鋆，徐志华，夏铭泽. 基于LPC54102的射频卡读写器设计［J］. 电子制作，2016（19）：5-7.

［37］钱金超. 一种采用条形码尺的高准确度位移测量应用研究［D］. 南京：南京理工大学，2015.

［38］吴佳鹏. 二维条形码识读技术及其应用研究［D］. 天津：天津大学，2010.

［39］姚林昌. 嵌入式二维条形码识别技术的研究与开发［D］. 无锡：江南大学，2012.

［40］杨纪朝. 纺织行业现状与发展分析［J］. 棉纺织技术，2011，39（1）：2-5.

［41］史鹏飞，白瑞林，杨文浩，黄晓江. 基于机器视觉的整经机断纱检测系统［J］. 东华大学学报（自然科学版），2011，37（6）：750-754，760.

［42］董威. 基于线阵CCD的实时断纱检测系统的研究［D］. 福州：福建师范大学，2014.

［43］汤荣秀，韩春贤. 基于CAN总线的断纱检测控制系统［J］. 工业控制计算机，2013，26（3）：47-48，50.

［44］赵立阳. 基于数字图像处理技术的智能纱线检测系统的开发与应用［D］. 长春：吉林大学，2014.

［45］陈玉峰，陆振挺，马新帮. 棉纺赛络纺工艺研究和实践［J］. 棉纺织技术，2010，38（1）：55-58.

［46］梁蓉，林建华. 传统和赛络纺锦纶长丝包芯纱的比较［J］. 纺织学报，2006，27（8）：85-88.

［47］毕松梅，吴心红，方宏. Sirospun纺单纱纱线结构和捻度分布的分析［J］. 纺织学报，2000，21（5）：25-28.

［48］孙颖，姜海艳，陈忠涛，等. 粗纱捻系数对赛络纺亚麻/涤纶混纺纱性能的影响［J］. 毛纺科技，2014，4（3）：13-15.

［49］温秉娥. 赛络纺工艺参数的优化设计［J］. 纺织学报，1995，16（3）：25-30.

［50］汪测生. 新一代赛络纺打断装置［J］. 山东纺织科技，2000，15（4）：40-43.

［51］夏生杰. 全新概念赛络纺打断器［J］. 纺织学报，1995，16（4）：21-23.

［52］顾志平. 国产新型赛络纺纱打断器原理及应用［J］. 毛纺科技，1998（3）：52-55.

［53］季涛，季晓雷. 一种新型赛络纺纱电子打断装置［J］. 毛纺科技，2002，（3）：59-61.

［54］薛文良，魏孟媛，韩晨晨，等. 一种赛络纺的断纱检测装置［P］. 中国专利，CN102304793A，2012-01-04.

［55］杜瑞，姚俊红. 赛络纺巡回式纱线断头检测装置［P］. 中国专利，CN202705616U，2013-01-30.

［56］姚俊红. 赛络纺纱巡回式断头检测装置的设计［J］. 上海纺织科技，2015，43（10）：88-89，93.

［57］童云章. 一种赛络纺单纱打断器［P］. 中国专利，CN201416062，2010-03-03.

［58］吴绥菊，季晓雷，钱庆雨. 赛络纺棉/氨纶包芯纱工艺探讨［J］. 纺织学报，2006，27（3）：80-82.

［59］侯秀良，刘启国，朱宝瑜. 赛络纺纱成纱机理探讨［J］. 毛纺科技，2000（1）：34-38.

［60］周勤谦. 应用新型赛络纺生产仿毛产品［J］. 毛纺科技，1998（5）：12.

［61］安降龙. 赛络纺复合成纱机理、纱线结构及其力学性能研究［D］. 上海：东华大学，2010.

［62］袁汝旺，蒋秀明，周国庆，等. 基于线性阵列的纱线直径与毛羽测量方法［J］. 纺织学报，2013，34（8）：132-137.

［63］陈纪玲，李志成. 赛络纺粗纱喂入方式探讨［J］. 棉纺织技术，2014，42（1）：

5-8.

［64］马大椿，李新英，陈玉峰，等. 竹浆纤维赛络纺针织纱的生产实践［J］. 棉纺织技术，2010，38（5）：48-51.

［65］袁曾怀，金栋平，金世伟. 环锭纺气圈动态方程的理论研究［J］. 合肥工业大学学报（自然科学版），1994，17（3）：34-39.

［66］刘敬资. 基于气圈形态与纱线张力的环锭纺理论研究［D］. 苏州：苏州大学，2008.

［67］宋晓亮，刘建立，徐阳，等. 光电式环锭断纱在线检测系统［J］. 纺织学报，2014，35（8）：94-98.

［68］李强，杨艺，刘基宏. 实施细纱断纱检测技术的改造实践［J］. 棉纺织技术，2016，05：64-66.

［69］龚羽，倪远. 环锭细纱机纺纱断头监测技术现状与发展分析［J］. 纺织导报，2012（6）：100-104.

［70］宋晓亮. 环锭纺细纱断纱在线监测［D］. 无锡：江南大学，2014.

［71］霍亮，马崇启. 基于几何模型的赛络纱与环锭纱毛羽分析［J］. 天津工业大学学报，2008，27（4）：22-24.

［72］李强，杨艺，刘基宏，等. 赛络纺粗纱断纱在线检测［J］. 纺织学报，2016（10）：120-124.

［73］刘云浩. 物联网导论［M］. 北京：科学出版社，2014.

［74］彭力. 物联网技术概论［M］. 北京：北京航空航天出版社，2011.

［75］CHING IUAN SU, PO TSUN LAI. Evaluating the unevenness of stretch-broken tow in tow-to-yarn direct spinning［J］. Fibers and polymers，2010，11（4）：649-653.

［76］S. DUBLIN. Finer yarns for lighter fabrics at low cost［J］. Research and markets，2000，39（12）：39-43.

［77］C. INTANAGONWIWAT, R. GOVINDAN, D. ESTRIN, et al. Directed diffusion for wireless sensor networking［J］. IEEE/ACM Transactions on Networking，2003，11：2-16.

［78］JIANYUE HUANG, JIANHONG LI, JIANWEI. A radiation dose study based on analysis of primary color chrominance［J］. Radiation Effects and Defects in Solids，2015，（10）：805-810.

［79］A. WOOD, G. VIRONE, T. DOAN, et al. ALARM-NET: wireless sensor networks for assisted-living and residential monitoring［M］. Technical Report CS-2006-11. Department of Computer Science, University of Virginia. 2006.

［80］Y. SUNG NIEN, C. J. CHIEH. A wireless physiological signal monitoring system with integrated bluetooth and WiFi technologies［C］. Proceedings of the Engineering in Medicine and Biology Society, 2005 IEEE-EMBS 2005 27th Annual International Conference，2005，2203-2206.

［81］A. LORENZ, R. OPPERMANN. Mobile health monitoring for the elderly：Designing for diversity［J］. Pervasive and Mobile Computing, 2009, 5（5）：478–495.

［82］M. QIU, C. TU, X. YE. Design and implementation of a remote healthcare system based on wearable body sensor network［M］. Advanced Materials Research, 2012, 542–543：138–142.

［83］L. KUMARI, K. NARSAIAHK, M. K. GREWAL, et al. Application of RFID in agri–food sector［J］. Trends in Food Science & Technology, 2015, 43（2）：144–161.

［84］K. MOCHIZUKI, M. UCHINO, T. MORIKAWA. Frequency–stability measurement system using high–speed ADCs and digital signal processing［J］. IEEE Transactions on Instrumentation & Measurement, 2007, 56（5）：1887–1893.

［85］C. PATAUNER, H. WITSCHNIG, D. RINNER, et al. High Speed RFID/NFC at the Frequency of 13.56 MHz［J］. Elektrotechnik & Informationstechnik, 2007, 124（11）：376–383.

［86］Y. H. KIM, E. HUFF LONERGAN, J. G. SEBRANEK, et al. High–oxygen modified atmosphere packaging system induces lipid and myoglobin oxidation and protein polymerization［J］. Meat Science, 2010, 85（85）：759–67.

［87］S. YAMAMOTO, J. M. VALIN, K. NAKADAI, et al. Enhanced robot speech recognition based on microphone array source separation and missing feature theory［C］. IEEE International Conference on Robotics and Automation, ICRA 2005, April 18–22, 2005, Barcelona, Spain. 2005：1477–1482.

［88］K. MAROUANI K, KHOUCHA F, BAGHLI L, et al. Study and harmonic analysis of SVPWM techniques for VSI–Fed double–star induction motor drive［C］. Control & Automation, 2007. MED '07. Mediterranean Conference on. IEEE, 2007：1–6.

［89］CARNEIRO M L, DE CARVALHO P H P, DELTIMPLE N, et al. Doherty amplifier optimization using robust genetic algorithm and Unscented Transform［C］. New Circuits and Systems Conference. 2011：77–80.

［90］PRAKASH A, DHAWAN S J. Comparison of the properties of ring, solo and siro spun yarns［J］. Journal of the textile institute, 2011, 102（6）：540–547.

［91］HAN CHENCHEN, XUE WENLIANG, CHENG LONGDI, et al. Condensing effect of suction slot in compact–siro spinning on fiber strands［J］. 东华大学学报（英文版）, 2016, 33（1）：144–149.

［92］ILKAN OZKAN, YUSUF KUVVETLI, PINAR DURU BAYKAL, RIZVAN EROL. Comparison of the neural network model and linear regression model for predicting the intermingled yarn breaking strength and elongation［J］. Journal of the textile institute, 2014, 105（11）：545–552.

［93］JOSPHAT IGADWA MWASIAGI, XIUBAO HUANG, XINHOU WANG. Performance of neural network algorithms during the prediction of yarn breaking elongation ［J］. Fibers and polymers, 2008, 9 (1) : 80-86.

［94］P. R. LAMB, L. JUNGHANI. Drafting and evenness of wool yarns produced on the plyfil, sirospun and two-fold systems ［J］. Journal of the textile institute, 1991, 82 (4) : 82-87.

［95］S. BHATNAGAR. Cotton sewing thread and siro system ［J］. Indian textile journal, 1991, 83 (11) : 56-62.

［96］H. BAI, M. ATIQUZZAMAN, D. LILJA. Wireless sensor network for aircraft health monitoring ［C］. 55 in Proceedings of the First International Conference on Broadband Networks (BROADNETS), 2005, 748-750.

［97］I. F. AKYILDIZ, W. SU, Y. SANKARASUBRAMANIAM, E. CAYIRCI. A survey on sensor networks ［M］. IEEE Communications Magazine, 2002: 102-114.

［98］YOUNIS, S. FAHMY. HEED: a hybrid, energy-efficient distributed clustering approach for ad hoc sensor networks ［J］. IEEE Trans. Mobile Comput. 2004, 3 (4) : 366-379.

［99］Y. YAO, J. Gehrke. The Cougar approach to in-network query processing in sensor networks ［J］. ACM SIGMOD Rec. 2002, 31 (3) : 9-18.

［100］S. CHATTEIJEA, P. HAVINGA. A dynamic data aggregation scheme for wireless sensor networks ［C］. Proceedings of the Program for Research on Integrated Systems and Circuits, Veldhoven, The Netherlands, 2003.

［101］http://jingyan.baidu.com/article/86f4a73e520e3b37d6526981.html